国家自然科学基金创新研究群体项目(52121003)资助
国家自然科学基金重点项目(52130409)资助

煤矿"四位一体"行为安全管理

曾朝辰　王　凯　周爱桃　何东升　著

中国矿业大学出版社
·徐州·

内 容 提 要

研究煤矿"零碎"事故的发生机理和预防措施,对减少煤矿事故发生、提高煤矿安全管理水平具有重要意义。本书对煤矿"零碎"事故进行了定义,确定了"零碎"事故不安全行为的影响因素,提出并验证了其作用机理假设模型。为了从根源上杜绝"零碎"事故,从危险预知、安全支持、安全控制、流程作业等 4 个方面构建了煤矿岗位作业"四位一体"行为安全管理模型。以城郊煤矿为应用示例,根据危险预知理论,辨识出危险源 5 292 个;构建了以安全教育培训体系为主的安全支持方法;安全控制包括安全站位和安全确认,分别得到了 172 条人员站位措施以及 40 项安全确认标准;总结了岗位流程作业标准 324 个。最后,将"四位一体"要素与典型的六西格玛管理模式融合,基于六西格玛管理模式建立了"四位一体"行为安全管理体系,并对体系运行的有益效果进行了分析。

本书可供矿山安全、行为安全、安全管理及相关领域的科研人员、研究生和高年级本科生参考使用,也可作为企业安全管理人员的参考书。

图书在版编目(C I P)数据

煤矿"四位一体"行为安全管理 / 曾朝辰等著. —
徐州 : 中国矿业大学出版社,2021.9
ISBN 978 - 7 - 5646 - 5142 - 8

Ⅰ. ①煤… Ⅱ. ①曾… Ⅲ. ①煤矿—矿山安全—安全
管理 Ⅳ. ①TD7

中国版本图书馆 CIP 数据核字(2021)第 194287 号

书 名	煤矿"四位一体"行为安全管理
著 者	曾朝辰 王 凯 周爱桃 何东升
责任编辑	褚建萍
出版发行	中国矿业大学出版社有限责任公司
	(江苏省徐州市解放南路 邮编 221008)
营销热线	(0516)83884103 83885105
出版服务	(0516)83995789 83884920
网 址	http://www.cumtp.com E-mail:cumtpvip@cumtp.com
印 刷	江苏凤凰数码印务有限公司
开 本	787 mm×1092 mm 1/16 印张 9.25 字数 185 千字
版次印次	2021 年 9 月第 1 版 2021 年 9 月第 1 次印刷
定 价	41.50 元

(图书出现印装质量问题,本社负责调换)

前　言

我国煤炭产量稳居世界第一,原煤产量近年来一直维持在近 40 亿 t/a,在复杂的国际环境下,煤炭依然是我国能源安全的"压舱石"。安全生产是煤炭稳定供应的前提,是我国经济高质量发展的内在要求。

重特大事故防控工作一直是煤矿安全管理的重点,在长期的煤矿安全管理工作中逐渐形成了较为完善的防控体系。而对于"零敲碎打"事故(以下简称"零碎"事故),至今没有一套较普遍适用的措施来进行防范。因此,本书重点对"零碎"事故不安全行为的作用机理、防止"零碎"事故的管理模式等内容进行了研究。

全书一共分 9 章。第 1 章为绪论,介绍了当前我国煤矿事故的特点和"零碎"事故研究的意义,提出了本书的主要研究内容和技术路线。第 2 章基于不同行业领域的事故划分,结合煤矿不安全事件发生的实际特点,对煤矿"零碎"事故进行了定义,并结合"零碎"事故发生的影响因素,进一步构建了"零碎"事故不安全行为作用机理模型。第 3 章根据事故致因原理,基于行为科学理论和安全管理方法,分析了行为安全管理的内涵和作用机理,并结合实际生产的工序和流程,从危险预知、安全支持、安全控制、流程作业 4 个要素构建了煤矿岗位作业"四位一体"行为安全管理模型,阐释了模型 4 大要素之间的相互关系,对该模型的适用性和科学性进行了佐证。第 4 章对危险预知的含义进行了解释,并通过对危险辨识常用的方法进行比选,确定适用于危险预知的识别方法,建立了岗位危险辨识和风险评估流程。第 5 章对安全支持进行了理论分析,阐述了安全文化建设与安全教育培训的关系,分析了安全教育培训的作用机理和构成要素,为制定安全教育培训方案提供了理论依据。第 6 章分别对安全确认和安全站位的含义进行了解释,分析了两者的作用原理,提出了具体实施步骤。第 7 章阐述了流程作业的内涵,以城郊煤矿为例,形成了井下流程作业管理综合性支撑文件。第 8 章对典型的六西格玛管理模式进行了介绍,分析了其在安全管理体系建设中的适用性。基于六西格玛管理模式,建立了"四位一体"行为安全管理体系,并对其在城郊煤矿的应用效果进行了分析。第 9 章为结论,总结了本书得到的研究结论和创新点。本书是作者近年来在关于行为安全的相关研究成果的基础上总结而成的。成书过程中广泛参阅了前人的研究成果和国内外有关著述,在此谨致谢意。中国矿业大学(北京)的苏明清博士、李海立硕士、陈萌萌博士以及河南省正龙煤业有限公司城郊煤矿的白彦龙、陈昱参与了本书部分内容的研究工作,在此一并表示感谢。

　　本书中提出的诸多新思想和新方法还有待于今后进行更深入细致的研究。由于作者水平有限,书中疏漏不足之处在所难免,恳请读者批评指正。

著　者

2021 年 5 月

目　　录

第1章 绪 论

1.1 研究背景及意义

随着国家对煤炭行业安全生产的重视,煤炭行业事故起数和死亡人数持续实现"双下降"。如图 1-1 所示,2003—2020 年我国煤矿安全事故起数逐年下降,从 2003 年的 4 143 起下降至 2020 年的 122 起,百万吨死亡率从 3.724 下降至 0.058。顶板、瓦斯、水害等主要类型事故总量也有所下降,煤矿安全生产形势持续稳定好转。

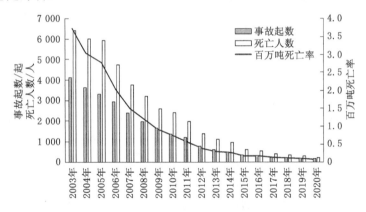

图 1-1 2003—2020 年我国煤矿安全事故起数、死亡人数及百万吨死亡率

重特大事故防控工作一直是煤矿安全管理的重点,在长期的煤矿安全管理工作中逐渐形成了较为完善的防控体系。而对于"零碎"事故,至今没有一套较普遍适用的措施来进行防范。煤矿安全形势的逐渐好转很大程度上是来自政策法规的建立健全、行业安全标准日益规范、企业作业流程标准化。2018 年 8 月20 日至 9 月 30 日,由国家煤矿安全监察局领导带队,分 6 个组对 12 个产煤省(自治区、直辖市)开展了煤矿安全生产督查,共发现煤矿企业隐患和问题 532 条(其中重大隐患 14 条)。多年来,各大煤矿企业深入推进岗位标准化作业流程管理,推动安全生产关口前移。但由于矿井生产区域战线较长,条件千差万别,在实际生产过程中,员工作业较为随意,盲目作业、经验作业等情况仍时有发生,这

些都是导致事故频发的主要原因,也是现场规范化、标准化管理的短板之处。如何有效规范员工的作业行为,保障安全生产,实现规范达标成为亟须解决的难题。因此,为有效预防煤矿事故的发生,同时满足煤矿企业在管理过程中的实际需求,必须以先进的安全理念为先导,强化理念灌输,狠抓教育培训,提高认知水平,培育和规范职工严格按流程作业,增强安全基础工作内在动力;推进标准化作业流程的有效落实,并在现场实践中不断研判标准的可执行性,不断修订、完善标准,做到精修精简,便于现场执行,为作业流程规范应用打下坚实的基础。

因此,中国矿业大学(北京)课题组以城郊煤矿为试点,在探索与实践的基础上总结出防止"零碎"事故的管理模式,即"危险预知、安全支持、安全控制、流程作业"四位一体管理模式,以此为方向,制定岗位工安全确认标准、流程作业标准、特殊公共环节安全站位管控措施、安全管理相关规定及流程作业管理办法,构筑一道"知、防、管、控"相结合的安全"防火墙",最终实现标准化作业流程的推广应用,有效预防"零碎"事故的发生,促进煤炭企业健康可持续发展。

1.2　城郊煤矿概况

城郊煤矿是永城煤电控股集团有限公司开发建设的第三对大型矿井。该矿位于河南省永城市老城东侧,覆盖城关乡、城厢乡的全部及侯岭乡、双桥镇、十八里镇、蒋口镇的一部分。地理坐标:东经 $116°17'30''\sim116°25'21''$,北纬 $33°53'52''\sim34°00'35''$。西北至陇海铁路商丘站 98 km,东北至京沪铁路徐州站 99 km,东南至宿州车站 76 km,西南至京九铁路亳州站 55 km。矿井有专用铁路经永城集配站至青町站与铁路主干线相连。矿井于 1999 年 12 月 29 日开工建设,2003年 10 月 11 日竣工投产,核定生产能力 500 万 t/a。矿井采用立井多水平上下山开拓方式,可采煤层有二叠系二$_2$煤、三$_1$煤、三$_2^2$煤、三$_4$煤共 4 层,现主采煤层为二$_2$煤。城郊煤矿属低瓦斯矿井,无煤尘爆炸危险性,水文地质条件属中等类型。矿井先后荣获"煤炭工业安全高效矿井(特级)""煤炭工业双十佳煤矿""河南省'五优'矿井""安全生产标准化管理体系一级达标煤矿"等多项省部级荣誉称号。

1.3　主要研究内容

1.3.1　"零碎"事故理论研究

对不同领域的事故划分进行综述分析,结合煤矿不安全事件发生的实际特点,对"零碎"事故进行定义。结合事故分析模型,对煤矿"零碎"事故发生的影响因素进行分析,进一步构建"零碎"事故不安全行为作用机理模型,并进行实证,为下一步防范措施的制定提供了理论依据。

1.3.2 构建煤矿岗位作业"四位一体"行为安全管理模型

通过对"零碎"事故的致因分析,基于行为科学理论和安全管理方法,分析行为安全管理的内涵和作用机理,并结合实际生产的工序和流程,构建由危险预知、安全支持、安全控制、流程作业等四要素构成的煤矿岗位作业"四位一体"行为安全管理模型,阐释模型要素之间的相互关系;并通过与其他相关模型的对比,佐证模型的适用性和科学性。

1.3.3 辨识岗位危险

梳理危险辨识的相关概念,对危险预知的含义进行解释,并通过对危险辨识常用的方法进行比选,确定适用于危险预知的识别方法,建立岗位危险辨识和风险评估流程。最后以城郊煤矿为例,通过现场调研等方式,进行应用,得到危险预知的结果。

1.3.4 编制安全教育培训方案

通过对安全支持进行理论分析,阐述了安全文化建设与安全教育培训的关系,明确了安全教育培训既是建设安全文化的有效途径,也是提高个体素质的有力措施。同时分析了安全教育培训的作用机理和构成要素,制定了科学合理的安全教育培训方案。

1.3.5 编制特殊施工环节安全站位管理措施

操作人员应能清楚地识别所处位置的风险,并采取正确的应对措施。因此,应对不同岗位进行风险分析,结合现有的煤矿作业人员安全规定,对特殊施工环节编制安全站位管理措施。

1.3.6 完善安全确认标准、作业流程

根据《煤矿安全规程》《中华人民共和国矿山安全法实施条例》《矿用斜井人车技术条件》等一系列的法律法规和规章标准中对各类人员、设备、工作面、巷道等的规定,分析各岗位责任范围的安全目标,完善各岗位安全确认标准、作业流程等内容。

1.3.7 深化"四位一体"行为安全管理体系

充分调研煤矿分层级、分领域的各类人员对"四位一体"管理的共同认知,调研现场实际应用"四位一体"流程作业的落实情况,充分掌握煤矿工人对于流程化作业的理解认识,找出实施过程中存在的问题及现有流程制度的不足。结合六西格玛管理模式,形成一套符合安全生产实际、具备煤矿企业特色的"四位一体"行为安全管理体系。

1.4 技术路线

本课题研究拟采用现场调研、专家访谈、对比研究、数理统计分析等手段,对煤矿岗位作业"四位一体"行为安全管理进行分析,其技术路线如图 1-2 所示。

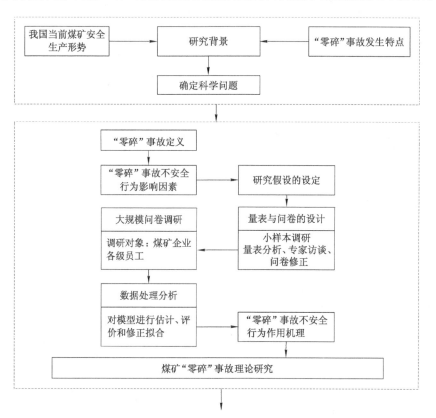

图 1-2 技术路线图

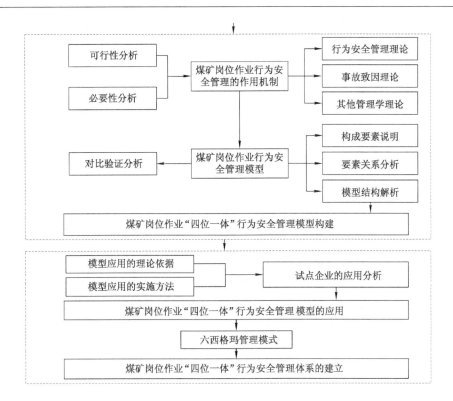

图 1-2(续)

第2章 "零碎"事故理论分析

本章首先对不同领域的事故划分进行综述分析,结合煤矿不安全事件发生的实际特点,对"零碎"事故进行定义。结合事故分析模型,对煤矿"零碎"事故发生的影响因素进行分析,进一步构建"零碎"事故不安全行为作用机理模型,并进行实证,为下一步防范措施的制定提供了理论依据。

2.1 煤矿"零碎"事故的界定

在煤矿企业的实际生产中未造成人员死亡,但仍然对生产造成负面影响,可能引起人员健康损害或者财产损失的事件通常称为煤矿"零碎"事故。显然,煤矿"零碎"事故也属于安全生产事故,但《生产安全事故报告和调查处理条例》(国务院令第493号)中对事故的"向下"分类只到一般事故,即指造成3人以下死亡,或者10人以下重伤,或者1000万元以下直接经济损失的事故,并无更细致的划分和界定。

因此,为了明确分析煤矿"零碎"事故,把握其内涵,首先需要对"零碎"事故进行界定。本节参照相关法律、法规和规章,梳理其他领域对事故的分类和处理,以对"零碎"事故的界定和定义产生借鉴。

2.1.1 不同领域关于事故分类处理的规定

2.1.1.1 火灾事故

根据《火灾事故调查规定》(公安部第121号令)第六条,对火灾事故的调查分工有如下规定[1]:(一)一次火灾死亡十人以上的,重伤二十人以上或者死亡、重伤二十人以上的,受灾五十户以上的,由省、自治区人民政府公安机关消防机构负责组织调查;(二)一次火灾死亡一人以上的,重伤十人以上的,受灾三十户以上的,由设区的市或者相当于同级的人民政府公安机关消防机构负责组织调查;(三)一次火灾重伤十人以下或者受灾三十户以下的,由县级人民政府公安机关消防机构负责调查。

直辖市人民政府公安机关消防机构负责组织调查一次火灾死亡三人以上的,重伤二十人以上或者死亡、重伤二十人以上的,受灾五十户以上的火灾事故,直辖市的区、县级人民政府公安机关消防机构负责调查其他火灾事故。仅有财产损失的火灾事故调查,由省级人民政府公安机关结合本地实际做出管辖规定,报公安部备案。

以上可以看出对于火灾的调查管辖,主要是根据火灾事故造成的人员伤亡和财产损失来划分的。

2.1.1.2 道路交通事故

已经废止的公安部《关于修订道路交通事故等级划分标准的通知》[2](1991年12月2日)中,将道路交通事故分为了4类,包括轻微事故、一般事故、重大事故、特大事故。其中,轻微事故是指一次造成轻伤1至2人,或者财产损失机动车事故不足1 000元,非机动车事故不足200元的事故。此条定义已然不适应当前社会经济水平,但体现了轻微事故的内涵。现行《道路交通事故处理程序规定》(公安部令第146号)[3]第三条规定,道路交通事故分为财产损失事故、伤人事故和死亡事故。财产损失事故是指造成财产损失,尚未造成人员伤亡的道路交通事故。伤人事故是指造成人员受伤,尚未造成人员死亡的道路交通事故。死亡事故是指造成人员死亡的道路交通事故。

2.1.1.3 医疗事故

根据《医疗事故分级标准(试行)》(卫生部令第32号),医疗事故分为一级甲等、一级乙等、二级甲等、二级乙等、二级丙等、二级丁等、三级甲等、三级乙等、三级丙等、三级丁等、三级戊等、四级事故。其中,一级乙等至三级戊等对应《人体损伤致残程度分级》中伤残等级一至十级。四级事故系指造成患者明显人身损害的其他后果的医疗事故。

2.1.1.4 民航事故

在民用航空领域,由于行业高可靠性和航空器高价值性的特点,对事故有明确的细分。根据《民用航空器不安全事件调查规定》[4],民用航空器不安全事件是指民用航空器事故、事故征候以及一般事件。其中:(1)民用航空器事故,是指从任何人登上航空器准备飞行起至飞行结束这类人员离开航空器为止,或者在机场活动区内发生的与民用航空器有关的下列事件:人员死亡或重伤;航空器严重损坏;航空器失踪或处于无法接近的地方。(2)事故征候,是指在航空器运行阶段或在机场活动区内发生的与航空器有关的,不构成事故但影响或可能影响安全的事件。(3)一般事件,是指在民用航空器运行阶段或者机场活动区内发生航空器损伤、人员受伤或者其他影响飞行安全的情况,但其严重程度未构成事故征候的事件。根据《民用航空器事故征候》(MH/T 2001—2008),事故征候又被细分为严重事故征候和一般事故征候。以上不安全事件,根据《民用航空器不安全事件调查规定》的要求,由监管方民航局及其下属机构负责调查。航空运营人在实际运行中还会根据实际需要,划分严重差错、一般差错、一般差错以下不安全事件。

从以上相关的法规、规章以及标准文件等可以看出,一些行业领域虽然没有对事故进行细分,但从对事故的处理方式及分工的不同中可以看出分级的思想;也有行业领域直接对事故进行了细分。这些分类分级的依据,主要来自人员的伤害程度和财产的损失程度。

2.1.2 人体损伤程度的相关规定

目前,关于人体损伤程度的相关规定有两个:一是 2016 年 4 月 18 日,由最高人民法院、最高人民检察院、公安部、国家安全部、司法部联合发布的法律文件《人体损伤致残程度分级》,该文件于 2017 年 1 月 1 日起施行[5]。另外一个是国家标准《劳动能力鉴定职工工伤与职业病致残等级》(GB/T 16180—2014)[6]。

2.1.2.1 人体损伤致残程度分级

《人体损伤致残程度分级》适用于除职工工伤以外的所有人身损害致残程度等级鉴定,包括道路交通事故受伤人员伤残鉴定、刑事案件的伤残鉴定、非工伤的伤残鉴定、普通伤害案件的伤残鉴定、其他意外伤害的伤残鉴定等。其中,损伤是指各种因素造成的人体组织器官结构破坏或功能障碍。残疾是指人体组织器官结构破坏或者功能障碍,以及个体在现代临床医疗条件下难以恢复的生活、工作、社会活动能力不同程度的降低或者丧失。该分级将人体损伤致残程度划分为 10 个等级,从一级(人体致残率 100%)到十级(人体致残率 10%),每级致残率相差 10%。

2.1.2.2 劳动能力鉴定职工工伤与职业病致残等级

《劳动能力鉴定职工工伤与职业病致残等级》适用于劳动者在职业活动中因工负伤或因职业病致残程度的鉴定。该等级依据工伤致残者在评定伤残等级技术鉴定时的器官损伤、功能障碍及其对医疗与日常生活护理的依赖程度,并适当考虑伤残引起的社会心理因素影响,对伤残程度进行综合判定分级,从高到低,一共分为 10 级。

2.1.3 煤矿"零碎"事故的定义

从以上事故分类分级思路可以看出,事故分类分级的参考依据是人员的损害程度和财产的损失程度。根据此思路,可以将煤矿事故分为伤亡事故和非伤亡事故,其中,伤亡事故可以分为轻伤、重伤、死亡三个等级;非伤亡事故可以按照对生产造成的损失大小来划分等级。煤矿"零碎"事故是工人由于不安全行为造成的轻伤事件。由事故的定义,事故是组织根据适用要求规定的,造成确定负效应的一个或者一系列意外事件[7]。所以,对应于煤矿"零碎"事故,其负效应是未造成人员死亡或者重伤,但引起了人员健康损害,且造成的人员健康损害为轻伤级别。

2.2 "零碎"事故不安全行为的影响因素分析

为了分析导致"零碎"事故不安全行为的原因,为消除"零碎"事故措施的制定提供理论支持,有必要对"零碎"事故不安全行为的影响因素及作用路径进行研究。

成熟的理论模型可以为"零碎"事故影响因素的确定提供指导。1972 年英国学者 Edwards 首次提出 SHEL 模型,用于研究与系统资源相关的人机工程学问题,Hawkins 在原模型的基础上进行改进并图表化[8]。目前,该模型已经在航天航空[9]、医疗管理[10]、工程建设[11]等领域得到了广泛应用。

SHEL 模型[12]由"软件、硬件、环境、人"的首字母组成,即 S、H、E 和 L。S: software,指系统的非物理方面,包括规章制度、培训等;H:hardware,指机器、防护设备等;E:environment,最初主要指物理环境,现在还包括政治、文化和财政状况等因素;L:liveware,即"人(或称人为因素)",其中"人"居于模型的中心,意味着系统的其他构成组件必须与之相匹配、相适应。

2.2.1 "人"本身影响因素

"人"处于模型的中心,是决定整个系统能否安全、有效运转最关键但也是最易变的因素。人的思维和行为方式的多样性决定了对"人"观察、分析时的多变性和受限性;但一般来说其中大部分(指人的思维和行为方式)是可以预测的。下面从心理和生理因素两方面对"人"本身影响因素进行分析。

2.2.1.1 心理因素

心理因素是运动、变化着的心理过程,包括人的感觉、知觉和情绪等,往往被称为事物发展变化的"内因"。在作业过程中,煤矿员工是否选择采取不安全行为受到心理因素的影响。

(1)情绪

情绪是人以自己的需求和意愿为出发点,对外界认知表现出不同态度的心理行为。情绪主要包括积极、中间以及消极三种,其中积极的情绪可以促进煤矿安全生产,正相反,消极的情绪会引起煤矿员工的多种不安全行为从而酿成恶果,而中间情绪则对外界刺激反应较小,比较平稳[13]。

(2)动机

动机是激发和维持有机体行动,并使行动导向某一目标的心理倾向或内部驱力。动机产生于需要。需要与动机对人的行为与身心健康有很大影响。依据引起动机的原因,可将动机分为内在动机和外在动机。前者是指有机体自身的内部动因如理想、愿望等;后者则是指有机体的外部诱因如金钱、奖惩等。动机是人决定行为的动力,煤矿员工可能会因安全的愿望、安全奖惩选择按照安全规程要求工作,也可能会因金钱诱惑而重生产、轻安全,忽视安全规程。因此,动机是煤矿员工不安全行为的主要影响因素之一。

(3)性格

性格是一个人对现实的稳定的态度,以及与这种态度相应的、习惯化了的行为方式中表现出来的人格特征。性格一经形成便比较稳定,但是并非一成不变,而是有可塑性的。性格不同于气质,更多体现了人格的社会属性,个体之间人格差异的核心是性格的差异。

(4)能力

在心理学上,能力是指人们能够顺利地完成某种活动的心理特征,是完成一项目标或者任务所体现出来的综合素质。人们在完成活动中表现出来的能力有所不同,能力是直接影响活动效率,并使活动顺利完成的个性心理特征。能力总是和人完成一定的实践相联系在一起的。离开了具体实践既不能表现人的能力,也不能发展人的能力。经分析可知,影响煤矿员工行为的能力主要包括安全技能、岗位适应能力、安全知识水平、隐患辨识能力、不安全行为判别能力、承压能力。

(5)态度

态度是个体对特定对象(人、观念、情感或者事件等)所持有的稳定的心理倾向,这种心理倾向蕴含着个体的主观评价以及由此产生的行为倾向性,而安全态度是人们受到外界刺激后,考虑和判断应如何动作以避免事故发生的心理准备状态。一般来说,态度和行为是一致的。安全态度不端正,就会产生不安全行为,导致事故发生。因此,安全态度是煤矿员工是否采取不安全行为的一个重要因素。安全态度又是一种不能直接观察到的内在的心理活动。因此,只能采用量表从对事故的态度、对不安全行为的态度、对安全活动的态度、对安全工作的态度几个方面设计问题来间接衡量人们的安全态度。

2.2.1.2 生理因素

生理因素是指生理方面的因素,它反映了人体的身体健康状况,是人进行工作必备的基本条件。在具体的生产过程中,职工的生理素质往往会影响其工作效率、工作期限和工作的安全状态,尤其是在煤矿井下开采中,员工生理方面的状况比如身体素质的高低、是否疲劳等往往反映了员工在特殊条件下的心理承受能力和对事故发生时的应变能力。

（1）身体素质

身体素质一般是指人体在活动中所表现出来的力量、速度、耐力、灵敏、柔韧等机能。身体素质是一个人体质强弱的外在表现。煤矿工作不同于其他行业，工作环境比较恶劣，而且由于煤矿采用三班倒的工作制度，员工经常在夜间工作，工作强度高，这些都对于一线员工的身体素质提出了较高要求。

（2）作业疲劳

作业疲劳是劳动生理的正常表现，具体是指在作业过程中，操作者由于生理和心理状态的变化，产生作业机能衰退、劳动能力下降，有时伴有疲倦感等自觉症状的现象。疲劳程度的轻重取决于劳动强度的大小和持续劳动时间的长短。在煤矿生产中，受到劳动条件、劳动者的素质（具体包括身体素质和劳动者对工作的熟练程度及其对工作的适应性）和劳动动机的影响，工人在操作过程中极易产生作业疲劳，而导致工作能力下降，工作效率降低，工作质量下降，工作速度减慢，动作不准确，反应迟钝，从而引起事故。

（3）生物节律[14]

在生物体的内部存在着的感知时间受时间支配的节律现象就叫作"生物钟"或"生物节律"。人的生理机能不会长时间处于一个相同的状态，而会随着人体内的生物节律进行周期性的变化。而日节律和月节律作为生物节律的一种，直接关系到人从事劳动生产的活动状态。日节律是指一天之内人的身体机能会呈现波浪形变化的现象。人的身体机能在二十一点之后就会急剧下降，甚至呈现负机能状态，尤其是凌晨，身体机能需要通过睡眠来获得补充，如果人在该时间段从事高强度工作，就有可能发生事故。

人体生物节律代表人体内的生理-生物循环，具体是指人的体力、情绪和智力的周期循环。科学家对人体研究结果表明，人的体力循环周期为 23 天，情绪循环周期为 28 天，智力循环周期为 33 天。这三个近似月周期的循环，统称为月节律，在每一周期内有高潮期、低潮期、临界日和临界期。人体生物节律理论认为，这些循环从人出生的那时刻开始，就分别按各自的周期循环变化，首先进入高潮期，然后经过临界日变换为低潮期，按正弦曲线的规律持续不断变化，一直到生命结束为止。生物节律影响人的行为，尤其影响人们在生产中的安全。人在节律临界期的日子体力容易下降，情绪波动和精神恍惚，人的行为波动大，尤其临界点重叠越多，危险性越大，如果这时工人正在生产岗位上操作，则较容易出现操作失误，甚至导致事故发生。

2.2.2 "人"与其他要素关联的影响因素

"人"与其他要素关联的影响因素分析将以员工的行为特征为基础，以

SHEL 模型中外层的软件、硬件、环境和人为载体,结合心理学、人机工效学、管理学等学科的相关理论,分析确定影响不安全行为的"关联要素类"影响因素。

2.2.2.1 "人-人"因素

"人-人"界面是指人与人之间的层面。决定这一层面是否运转良好的要素是人际的交流,亦即系统内部员工之间信息的互通与交换。"人-人"层面事关团队内部的和谐与合作、员工与上级之间的及时沟通与协调。

(1) 领导因素

为了维护企业的长远发展,企业应该努力创造一个安全良好的工作氛围,将安全工作的理念贯穿企业文化之中,做好安全保障,避免生产中的不安全行为。在这一过程中,需要企业的领导者发挥积极的引导作用。在安全管理领域,煤矿领导的以身作则能够有效减少员工的不安全行为。Martínez-Córcoles 等[15]认为安全文化越强,领导行为在员工中形成的安全氛围越高。所以领导行为对员工的安全行为有重要的指引作用。领导者要做好安全生产工作,就要努力践行安全承诺,创造良好的安全氛围,减少不安全行为的发生。

(2) 团队因素

团队是一个企业中的所有人员共同组成的行动共同体。唯有团队之间保持紧密协作,企业才有良好的发展。就煤炭企业而言,班组就是煤矿安全生产中最基础的团队,煤矿安全生产的"三基"(基层、基础、基本功)工作就主要是依靠班组来全面完成的,班组是煤矿企业安全、生产、管理等活动的出发点和落脚点。因此,安全不安全,班组最关键,班组建设的好坏在一定程度上影响着煤矿的基础管理水平,决定着煤矿安全生产水平。此外,研究表明,许多煤矿事故多数发生在生产现场,发生在班组,有的班组长、队长就是事故的责任者和受害者[16]。而煤矿事故中不安全行为大都与团队氛围不和谐、职责分配划分不清、沟通表达渠道不畅通等团队因素缺陷有关。

(3) 沟通协调

在行为科学研究中,学者们发现沟通、人际关系等对不安全行为有影响作用。Parker 等[17]研究表明,沟通质量和工作安全会显著影响个体心理和行为。良好的团队沟通能够促进个体与团队领导之间、个体与团队成员之间、成员与成员之间建立信任关系,增强员工的工作满意度,提高工作绩效[18];在研究影响民航飞行安全的因素中发现在团队层面,机组内部的沟通与协调不畅是重要的因素[19]。特别是我国煤矿企业,由于煤炭开采工作的特殊性,加之煤矿工作环境恶劣,班组与领导之间、班组与班组之间、班组内部员工之间的信息交流沟通以及相互协调就变得尤为重要。

（4）生活事件

生活事件是指人们在日常生活中遇到的各种各样的社会生活的变动，如结婚，升学，亲人亡故等。生活事件的发生不可避免地会影响经历者的思想和情绪，甚至会改变经历者的身体状态。当生活中发生消极事件时，如亲属死亡、与配偶争吵、理财失败等，都会对职工带来不同程度的负能量与副作用，当个体难以承受时，会造成工作时情绪的不稳定与心理状态的涣散崩溃，从而导致工作效率降低，出现工作失误，严重的会导致安全事故的发生；当生活中发生积极事件时，如升学、结婚、家庭新增成员等，同样会影响职工的思想和情绪，这种情绪变化在一定程度上可能会降低其安全意识，导致职工忽视了煤矿潜在的安全隐患，依靠经验操作，最终导致事故发生。

2.2.2.2 "人-硬件"因素

（1）生产设备情况

随着煤矿综合机械化采煤技术的不断发展，煤矿生产中设备、设施逐渐成为煤矿高效生产的重点，所以煤矿生产中设备、设施的管理也成为减少煤矿人因事故的关键因素之一。其中，煤矿设备、设施主要包括提升运输设备、机电设备、采掘设备、防治水设备、通风设备、防瓦斯设备、防煤尘设施、防灭火设备、安全监测监控设施、调度通信设施等。设备、设施管理是指在煤矿生产中对各种装备设施的合理分配、正确操作、有效维修以及控制等活动。煤矿生产中，如果设备管理不到位，将会增加安全预防的复杂性，导致事故发生。所以加强煤矿设施和设备管理可以尽可能地预防煤矿人因事故的发生。

（2）人机匹配性

在煤矿生产中使用的各种设备都是复杂多样的，任何操作的失误都会对矿井与员工的安全造成难以预料的影响，因此对员工操作的规范性提出了很高的要求。由于煤矿开采在井下操作，工作环境恶劣，人机设计的匹配失误的情况就容易发生，进而导致不安全行为的发生。

（3）安全设施情况

安全设施是指企业（单位）在生产经营活动中，将危险、有害因素控制在安全范围内，以及减少、预防和消除危害所配备的装置（设备）和采取的措施。具体包括：① 预防事故设施，即检测和报警设施 、设备安全防护设施、防爆设施、作业场所防护设施、安全警示标志；② 控制事故设施，即泄压和止逆设施、紧急处理设施；③ 减少与消除事故影响设施，即防止火灾蔓延设施、灭火设施、紧急个体处置设施、应急救援设施、逃生避难设施、劳动防护用品和装备等。

在煤矿企业中，安全设施的配置和管理状况在一定程度上直接关系到煤矿员工的生命安全，经分析近年来许多事故中员工的不安全行为与安全设施的配置和管理存在直接关系,如金河煤矿"12·8"伤亡事故[20]中当班胶带输送机司机能够在101胶带输送机运行期间违规打开机头护栏清理落煤,便是因为安全防护设施不可靠,机头处的防护栏未固定闭锁,可随意拆卸。因此,煤矿企业的安全设施情况是煤矿员工不安全行为影响因素之一。

2.2.2.3 "人-软件"因素

"人-软件"界面指系统的非物理方面,例如流程、指南、清单、符号及越来越多的计算机程序。

（1）安全教育培训

安全教育培训是贯彻落实国家法律法规和标准、提升员工安全素质的重要途径。煤矿企业的安全教育培训是一项系统性工程,提高安全教育培训的水平与质量对提高煤矿企业整体的安全水平、保障煤矿安全生产具有重要意义。无数事故案例告诉我们"在一切隐患中,无知是最大的隐患",许多煤矿员工的不安全行为源于相关安全知识的匮乏和专业技能的不足,这很大程度上是因为煤矿安全教育培训不到位。只有通过严格的安全教育培训和不断的安全教育,才能让员工从思想上、意识上、行为上真正做到对自己的安全负责,对别人的安全负责。

（2）安全激励与奖惩

安全激励与奖惩具体是指通过设定明确适度的安全奖惩目标,将安全奖惩目标与员工个人利益挂钩,实现目标获得奖励,未达到目标受到惩罚,让企业员工更有动力地进行安全生产的一种管理方式。该方式可以充分调动企业员工的积极性和主观能动性,激励员工对自我行为进行监督、控制,从而确保煤矿整体安全。安全激励与奖惩既要做好员工思想工作,也要结合经济手段,做到奖勤罚懒、鼓励上进、有奖有惩、奖惩严明。若奖惩不当,员工可能会陷入一种对奖惩的追求与规避中,而不是养成正确的行为习惯[21],尤其是当惩罚过多过严时,员工将会产生抵触对抗情绪,工作积极性大幅降低,影响企业的安全生产。

（3）应急管理水平

煤矿应急管理是一个动态的过程,主要包括预防、准备、响应和恢复4个阶段[22]。应急管理工作包含应急和管理两方面,影响和决定着安全生产工作,与安全生产事故链条每一个环节有很强的关联关系。应急管理建设是煤矿生产和安全的保障,是防范和化解事故风险和隐患、减少事故损失的重要手段。然而目前很多煤矿的应急管理理念和意识不强,在应急管理体系建设方面,与国家对煤矿应急管理建设的目标和要求有较大差距。因此,要以制度和管理为统领,从制度、管理、预案、队伍、培训演练、信息化等各方面提升煤矿应急管理水平,为煤矿和从业人员营造安全的工作环境。

（4）安全投入

安全投入是指煤矿在进行安全管理时,针对煤矿安全预防和控制进行的费用支出,是保障煤矿安全生产的重要手段,是反映煤矿安全管理水平高低的一项重要指标,是煤矿企业管理层面进行生产决策时必须要考虑的重要因素[23]。煤矿的安全投入与生产投入有着不同的效果,生产投入可以直接使煤矿生产能力增加,效果显著,能得到上级和职工的一致认可,是一种显性的增值投入;而安全投入体现的是一种隐性价值,是需要经过长时间的运营才可以体现其绩效的投入。从表面现象来看,增加安全投入,领导和职工往往看到的只是煤矿生产成本的累加,而没有看到相应明显的投资效果。所以煤矿企业领导在决策和管理时,往往更重视生产投入,而看轻安全投入,这从煤矿事故案例分析中可以发现这一问题。但从煤矿生产与安全的关系来讲,安全是煤矿正常生产的保障,只有煤矿安全得到保障,煤矿的生产投入才能发挥最大的潜能。就煤矿安全投入的自身价值而言,它的价值远非生产投入所产生的价值可比,在特重大煤矿事故调查中发现,一旦煤矿发生事故,不仅仅是生命和财产的损失,同时也是企业声誉的损失,这一价值是无法用金钱来衡量的,是生产投入所无法创造的价值。所以安全投入是影响煤矿管理决策的重要因素,是煤矿企业管理层必须要考虑的因素。

（5）监督管理水平

监督管理是指在具体的操作过程中,对工人所执行的作业规程、安全规范、规章制度的遵守情况进行过程监控与管理,是对工人不安全行为的进一步约束。监督管理在煤矿生产中的作用是非常大的,严格意义上说是一个独立的管理工作,是由煤矿企业的上层管理部门具体负责和执行的。在所涉及的煤矿事故中,其中有很大一部分是由于上层管理部门的过程监督管理不到位,从而使完全可以避免的不安全行为和不安全状态出现,最终导致煤矿事故的发生。当然这种监督不到位的现象也会受到一些特殊条件的影响,如利益的诱惑、个人的需求以及管理的疏忽等。但总体来说,煤矿的监督管理是保证煤矿日常工作少出现和不出现人的不安全行为的具体保障。

（6）安全管理制度

煤矿安全管理是一个系统工程,要减少甚至杜绝事故的发生,制定完善的安全管理制度至关重要。煤矿安全管理制度是指煤矿制定的组织劳动过程和进行安全管理的规则和制度的总和。煤矿安全管理制度内容广泛,包括安全隐患排查及整改制度、安全质量评估制度、安全管理处罚办法、安全监督检查制度、安全生产责任制度、责任事故追究处罚制度、领导干部下井带班制度等。完善的安全管理制度,对于规范员工安全行为、提高安全管理水平、促进矿井安全工作持续健康稳定发展,起到了积极的推动作用;反之,不完善的安全管理制度在一定程度上会成为煤矿员工不安全行为的"帮凶"。

2.2.2.4 "人-环境"因素

SHEL 模型的"人-环境"界面主要是指物理环境。研究表明,矿井下恶劣的工作环境对矿工行为产生的影响是明显的。井下恶劣的工作环境在一定程度上损害了矿工的身体健康,导致许多矿工患上了尘肺病,除此以外,还影响矿工的心理健康,直接或间接地导致矿工的不安全行为。经分析,导致煤矿员工不安全行为的物理环境因素主要包括以下几个方面。

(1) 气温

矿井内的气温对工人的工作会产生巨大的影响。相关研究资料[24]表明,若以 17~22.5 ℃时工作环境中的事故率作为零来衡量,则当男性工人处于 11.4 ℃的工作环境中时,工人已经开始对周围的环境感到不舒服,因而事故的发生概率也比较高,为 38%;当工作环境气温升高到 25.3 ℃时,事故发生概率也会随之升高,为 40%。由此可见,气温与煤矿事故间存在一定的关系。

(2) 湿度

研究表明,蒸发能力受到各种因素的影响,但是在井下环境中,它与相对湿度直接相关。蒸发量在相对湿度达到 55%左右时会大大减少,但是井下温度高,湿度都在 85%以上,工人由于高强度的工作产生的汗水难以通过蒸发顺利排出,汗水黏着在工作服上,会导致员工身体不适,进而影响员工的心理状态,导致工人的工作效率下降,工作失误的概率大大提高。

(3) 噪声

噪声会让人产生烦躁的情绪,影响人的判断能力及反应能力。煤矿井下存在多种噪声,如大型风扇、风机、压风机等产生的空气噪声,胶带的摩擦、齿轮的运转等产生的机械性噪声等。尽管《煤矿安全规程》规定[25]:在矿井上及矿井下工作的噪声应该不超过 85 dB(A),但研究表明,噪声高于 80 dB(A)时就会对人体产生不良的影响,导致员工的生产率下降,行为失误率升高。

(4) 照明

矿井下的照明条件十分恶劣,主要以矿工头盔上的矿灯作为照明工具,亮度低,光线刺眼,不仅会让员工的眼睛长期处于疲劳的状态,伤害员工视觉,导致员工无法集中注意力,增加其井下活动的操作难度,还会导致员工产生消极甚至抵触情绪,容易在工作中发生失误或违规。

(5) 振动

振动会影响员工的工作和安全。井下振动危害主要源自综采综掘、风钻和其他机械的危害。当矿井存在的振动较为明显时,会导致职工的身体状态不稳定,视线发生抖动,会影响对于井内环境以及仪表阅读的判断力,这对于安全高效的生产作业都是不利的,若长期处于这种振动环境中,会影响到员工的神经系统、心血管系统以及肌肉系统,严重危害员工的身体健康。

(6)矿井空气

矿井空气是指地面空气进入矿井以后,跟井下由煤(岩)体涌出和生产过程中产生的各种气体混合产生的混合气体。经分析,矿井空气中常见的有害气体[26]包括 CO、CO_2、SO_2、H_2S、CH_4 等,而矿井空气主要会造成三种事故现象,分别是窒息、中毒以及爆炸。

窒息事故的典型代表是 CO_2、CH_4,据笔者统计,2019 年发生的 3 起窒息事故中便有 2 起为瓦斯窒息事故,分别是"7·21"贵州遵义马蹄煤矿瓦斯窒息事故和"10·22"陕西大佛寺矿业瓦斯窒息事故。中毒事故的典型代表是 CO。CO有剧毒,人体血液中的血红素与一氧化碳的亲和力比它与氧气的亲和力大 250~300 倍,一旦一氧化碳进入人体后,首先就与血液中的血红素相结合,因而减少了血红素与氧结合的机会,使血红素失去输氧的功能,从而造成人体血液"窒息"。爆炸事故的典型代表是 CH_4。甲烷易燃,爆炸浓度界限为 5%~16%,甲烷爆炸通常称瓦斯爆炸,瓦斯爆炸事故危害极大,会产生爆炸冲击波、高温火焰、大量有害气体。

我国《煤矿安全规程》对各种有害气体的最高允许浓度都有规定,如果超出最高允许浓度,将会对人体、煤矿设备等产生严重的危害。所以在煤矿人因失误的影响因素分析中,矿井的空气状况在一定程度上会影响煤矿员工的生理安全和生产的工效和安全。

(7)粉尘

粉尘是指悬浮在空气中的固体微粒。在实际开采过程中伴随产生的大量粉尘是人类健康的天敌,是诱发多种疾病的主要原因,是煤矿生产中重要灾害之一。粉尘是生产的伴生物,煤矿工人在工作中吸入游离二氧化硅,经过呼吸到达肺部,如果长期处于这种环境下,粉尘就会形成有毒物质在人体肺部堆积,会杀死体内活性肺细胞,使肺部产生纤维性病变,进而使得人体肺部组织硬化,丧失肺功能,患上尘肺病。据统计,每年患有尘肺病的人数逐渐增多,尘肺病成为威胁煤矿工人生命安全的顽固疾病。另外,粉尘还会引发肥大性鼻炎、眼角膜受损、粉刺、毛囊炎等疾病的发生。除此以外,采掘工作要在大量粉尘的作业环境中进行,井下本身较为昏暗,照明设施也不甚完善,如果粉尘浓度过高,会严重模糊煤矿员工的视线,降低视觉能见度,影响员工的判断力与工作效率,稍有不慎就会操作不当、发生事故[27]。

通过以上分析,分别将这些因素进行细化,得出了包含 27 个指标的影响因素集合,见表2-1。

表 2-1 影响因素指标合集

序号	影响因素指标	序号	影响因素指标	序号	影响因素指标
1	情绪	10	承压能力	19	人机匹配性
2	动机	11	身体素质	20	安全设施情况
3	性格	12	作业疲劳	21	安全教育培训
4	安全态度	13	生物节律	22	安全激励与奖惩
5	安全技能	14	领导因素	23	应急管理水平
6	岗位适应能力	15	团队因素	24	安全投入
7	安全知识水平	16	沟通协调	25	监督管理水平
8	隐患辨识能力	17	生活事件	26	安全管理制度
9	不安全行为判别能力	18	生产设备情况	27	物理环境

2.2.3 基于专家访谈的不安全行为影响因素修正

专家访谈法是一种应用较为广泛的实用调研方法,该方法是研究者通过与研究对象交谈,来收集研究对象某些心理特征和行为数据资料的一种有效的方法。专家访谈能够使理论分析出的影响因素更加具有科学性和全面性[28]。

本研究先后对煤矿各级员工和高校相关研究人员进行了访谈。本次访谈受客观情况的影响采用电话、电子邮件及面谈的形式。

访谈的内容主要包括两个方面:一是影响因素的名称是否准确,二是通过事故分析和文献归纳的影响因素是否是影响煤矿一线员工的不安全行为。最后把专家们的意见和答案进行汇总。通过分析,根据理论与实际相结合的原则,对理论分析出的影响煤矿一线员工不安全行为的因素进行修正,从而确保理论分析得到的煤矿一线员工的不安全行为影响因素的合理性和科学性。修正的内容与结果如下:将"岗位适应能力"改为"岗位匹配度",删除"身体素质",因为对于煤矿一线员工,在招聘时都会进行全方位体检,体检合格的员工才能从事该项工作。将"物理环境"细化为"噪声""照明"以及"微气候",因为物理环境范围较广,需细化考量。修正后的指标如表2-2所示。

表 2-2 修正后影响因素指标合集

序号	影响因素指标	序号	影响因素指标	序号	影响因素指标
1	情绪	11	作业疲劳	21	安全激励与奖惩
2	动机	12	生物节律	22	应急管理水平
3	性格	13	领导因素	23	安全投入
4	安全态度	14	团队因素	24	监督管理水平
5	安全技能	15	沟通协调	25	安全管理制度
6	岗位匹配度	16	生活事件	26	噪声
7	安全知识水平	17	生产设备情况	27	照明
8	隐患辨识能力	18	人机匹配性	28	微气候
9	不安全行为判别能力	19	安全设施情况		
10	承压能力	20	安全教育培训		

2.3 基于因子分析法的影响因素确定

2.3.1 问卷设计

2.3.1.1 问卷设计原则[29]

（1）目的明确。目的明确是问卷设计的基础。只有目的明确具体,才能提出明确的假设,才能围绕假设来设计题项。

（2）层次分明。问卷结构顺序的编排应基本符合受访者的习惯性思维方式,问题编排应遵循从简单到复杂、从容易到困难、从客观题到主观题的基本原则。

（3）直白有效。问卷的有效性不仅基于样本数据的多少,还在于单份问卷的有效性。设计问卷时必须尽量使用简单直白的话语,以便受访者清晰理解问题。问题的设计,要符合应答者的理解能力和认识能力,避免使用专业术语。对敏感性问题采取一定的技巧调查,使问卷具有合理性和可答性,避免主观性和暗示性,以免答案失真。

（4）简明人性化。调查问卷在设计之初就要合理安排与控制问题数量。填写问卷所需时间一般应控制在 5～10 min 之内,尽量避免超过 20 min,被调查者填写问卷的态度与填写时间基本上成反比。

（5）科学合理。问题回答应该与问题是对应关系,切不可答非所问,且回答设计应该精准详尽,同时要提前考虑汇总问题,尽可能提高汇总效率。

2.3.1.2　问卷设计过程

（1）调查问卷的基本构成

本次调查问卷主要包括三个方面内容：① 卷首语，向受访者阐述调查目的，使其基本了解调查涉及内容；② 被调查者个人信息收集，主要收集被调查者年龄、教育程度、工龄、健康状况等基本信息以保证调查结果的有效性，同时也便于验证是否符合调查目的；③ 问卷主体部分，从预设的相关指标出发设计具体问题。

（2）煤矿员工不安全行为影响因素指标集合的确定

对煤矿员工不安全行为的影响因素从四个方面进行了分析，将这些因素进行细化，得出了包含 28 个指标的影响因素集合。

（3）调查问卷的编制

根据笔者提炼出的 28 个影响因素指标，结合不安全行为的 5 个观察变量以及被调查对象的年龄、文化程度、工龄、健康状况等控制变量，遵循调查问卷应当简单、易懂的原则，编制出调查问卷。该问卷累计包括 33 个测量题目项，具体的测量题项分布如表 2-3 所示。

表 2-3　调查问卷题项

序号	影响因素指标	序号	影响因素指标	序号	影响因素指标
A1	情绪	A12	生物节律	A23	安全投入
A2	动机	A13	领导因素	A24	监督管理水平
A3	性格	A14	团队因素	A25	安全管理制度
A4	安全态度	A15	沟通协调	A26	噪声
A5	安全技能	A16	生活事件	A27	照明
A6	岗位匹配度	A17	生产设备情况	A28	微气候
A7	安全知识水平	A18	人机匹配性	A29	超时工作
A8	隐患辨识能力	A19	安全设施情况	A30	忽视安全警告
A9	不安全行为判别能力	A20	安全教育培训	A31	不按规穿戴安全防护
A10	承压能力	A21	安全激励与奖惩	A32	违章操作
A11	作业疲劳	A22	应急管理水平	A33	拆除安全装置

本书所用的调查问卷题型采用李克特五级量表赋分法，从非常不赞同到非常赞同共分为五个具体感知选项，赋值从 5 分到 1 分逐层递减。为保证调查对象能够更好地了解问卷题项所表达的含义，不出现语义理解方面的误解和偏差，在初步编订了 33 个题项的问卷之后，随机选择了某煤矿企业 30 名各级员工对

问卷进行了预调研。预调研采用的是现场填答的方式。在问卷填答完毕之后,就问卷题项是否容易理解等方面的问题对被调查者进行访谈。根据预调研结果对问卷题项和结构进行再次修正,最终形成煤矿"零碎"事故不安全行为影响因素调查问卷。

2.3.2 样本描述性统计

本书问卷调查的调查对象是河南省正龙煤业有限公司城郊煤矿的员工,受访者为机电、运输、掘进、通风、综采等多个部门的一线员工。受疫情影响,本次调查通过"问卷网"发布并收集问卷,发放调查问卷 320 份,回收调查问卷 320份,实际有效调查问卷 300 份。最终调查问卷的回收率为 100%,调查问卷的有效率为 93.75%。样本数据的描述性统计见表 2-4。

表 2-4 样本数据的描述性统计

题　　项	分类	人数	百分比
年　　龄	20～25 岁	80	26.67%
	26～30 岁	154	51.33%
	31～40 岁	48	16.00%
	40 岁以上	18	6.00%
文化程度	初中及以下	30	10.00%
	高中或中专	164	54.67%
	大专	64	21.33%
	本科及以上	42	14.00%
工　　龄	2 年及以下	86	28.67%
	3～5 年	123	41.00%
	6～10 年	62	20.67%
	10 年及以上	29	9.66%
健康状况	良好	123	41.00%
	一般	172	57.33%
	较差	5	1.67%

由表 2-4 可知,从被调查者年龄的角度来分析,其中在 26～30 岁年龄段上的被调查者人数最多,共有 154 人,占比 51.33%,在 20～25 岁年龄段上的被调查者人数次之,共有 80 人,占比 26.67%,而在 31～40 岁和 40 岁以上年龄段的被调查者人数较少,分别有 48 人和 18 人,占比分别为 16% 和 6%。从上述调查

结果可得,大部分(78%)被调查者的年龄处在 30 岁及以下的年龄段上,这主要是因为煤矿工作对工人的体力要求较高,所以当前煤矿的一线工人主要以体力充沛的中、青年劳动者为主。

从被调查者文化程度的角度来分析,其中学历为高中或中专的被调查者人数最多,共有 164 人,占比 54.67%,学历为大专和本科及以上的被调查者人数次之,分别有 64 人和 42 人,占比分别为 21.33%和 14.00%,而学历为初中及以下的被调查者人数较少,仅有 30 人,占比 10%。从上述调查结果可得,大部分(64.67%)被调查者的文化程度较低,为高中或中专及以下。

从被调查者工龄的角度来分析,其中工龄为 3～5 年的被调查者人数最多,共有 123 人,占比 41%,工龄为 2 年及以下和 6～10 年的次之,分别有 86 和 62人,占比分别为 28.67%和 20.67%,而工龄为 10 年及以上的被调查者人数最少,仅有 29 人,占比 9.66%。从上述调查结果可得,大部分(90.34%)被调查者的工龄为 10 年及以下,这主要是因为当前煤矿一线工人主要以中、青年劳动者为主,对煤矿员工的体力要求高,且煤矿工作环境恶劣,不适宜长年累月在该环境中工作,因此大部分一线煤矿工人的工龄都在 10 年及以下。

从被调查者健康状况的角度来分析,其中健康状况一般的被调查者人数最多,共有 172 人,占比 57.33%,健康状况良好的被调查者人数次之,共有 123人,占比 41%,而健康状况较差的被调查者人数最少,仅有 5 人,占比 1.67%。从上述调查结果可得,大部分(98.33%)被调查者的健康状况较好,为一般或良好。

根据样本统计数据显示,此次调查选取的样本构成基本合理,可信度较高。调查对象的年龄、教育水平、工龄等分布合理,基本符合实际情况。

2.3.3 问卷信度分析

信度,即可靠性,表示对同一研究对象进行反复测量,测量结果的一致性程度。该指标是测量工具稳定性及可靠性的具体体现。信度具体又可分为外在可靠性和内在可靠性两类。外在可靠性主要是对不同时间测量所得结果进行比较,分析其结果的一致性程度高低。内在可靠性主要指量表中具体指标或问题测量的是否为同一概念,强调量表内具体题项的内在一致性。

信度分析的方法主要有以下四种:重测信度法、复本信度法、折半信度法、克朗巴哈系数法[30]。

(1)重测信度法

重测信度,又称再测信度、稳定性系数,反映测验跨越时间的稳定性和一致性。重测信度法是用同样的问卷对同一组被调查者间隔一定时间重复施测,计算两次施测结果的相关系数。重测信度越高,则表明两次测量的一致性程度越高,反之则越低。重测信度的测量强调的是对同一受测者进行两次测试,这就对受测者有较高要求,而受测者易受到外界因素影响,因此重测信度的测量间隔时间要求适当,一般为两周或一个月。重测信度法主要用于分析事实性问卷,也可用于不受环境影响的态度和意见类问卷。

（2）复本信度法

复本信度法是让同一组被调查者一次填答两份问卷复本,计算两个复本的相关系数。复本信度法要求两个复本除表述方式不同外,在内容、格式、难度和对应题项的提问方向等方面要完全一致,而在实际调查中,很难使调查问卷达到这种要求,因此在现实生活中较少被采用。

（3）折半信度法

折半信度法是将调查结果根据奇偶数编号和分组,分别计算两组调查对象的问卷得分和两组间相关系数,从而评估量表的整体信度。该方法常用于对被调查对象态度、意见等问卷的分析,如研究者们较青睐的态度测量量表——李克特量表。具体分析折半信度时,对问卷中的反意选项进行数据录入时,要注意对题项的赋值进行逆向处理,确保得分方向的内在一致性。

（4）克朗巴哈系数法

克朗巴哈系数是目前学术界进行信度测算最常用的可靠性系数。它是对内在一致性程度的反映,属于内在一致性系数,适用于态度量表或意见式问卷的信度分析。克朗巴哈系数的数值介于 0 到 1 之间,系数值越接近于 1,则表明量表的内部一致性程度越高,即量表信度越高,具体判别标准如表 2-5 所示。

表 2-5　克朗巴哈系数判别标准

克朗巴哈系数范围	结果分析
0～0.3	不可信
0.3～0.5	勉强可信
0.5～0.7	可信（最常见）
0.7～0.9	十分可信（次常见）
0.9～1	高度可信

采用 SPSS 软件对本书中设计的量表进行信度分析,相关结果如表 2-6 所示。由表 2-6 可知,煤矿工人不安全行为影响因素测度量表的克朗巴哈系数为0.875。根据表 2-5 中的判别标准可知,本书中设计的量表的信度是可接受的,即煤矿工人不安全行为影响因素测度量表通过了信度检验。由表 2-7 可知,在

煤矿工人不安全行为影响因素测度量表中,各个题项的校正项总计相关性的值均大于 0.5,因此这 33 个题目均可以保留。

表 2-6　量表信度分析结果

克朗巴哈系数	项数
0.875	33

表 2-7　量表项总计统计

题项	删除项后的标度平均值	删除项后的标度方差	修正后的项与总计相关性	删除项后的克朗巴哈系数
A1	110.06	265.14	0.549	0.868
A2	110.17	267.812	0.501	0.869
A3	110.06	266.154	0.529	0.868
A4	110.06	265.203	0.557	0.867
A5	109.49	260.558	0.665	0.865
A6	109.56	260.569	0.668	0.865
A7	109.63	264.313	0.652	0.866
A8	109.57	261.41	0.658	0.865
A9	109.62	262.67	0.658	0.865
A10	109.56	264.08	0.612	0.866
A11	109.8	266.183	0.511	0.868
A12	109.67	267.72	0.498	0.869
A13	109.54	259.861	0.637	0.865
A14	109.55	264.489	0.549	0.868
A15	109.61	264.793	0.576	0.867
A16	109.42	259.642	0.66	0.865
A17	109.45	266.803	0.595	0.867
A18	109.47	266.631	0.592	0.867
A19	109.52	266.351	0.573	0.867
A20	109.17	259.963	0.671	0.865
A21	109.54	263.078	0.631	0.866
A22	109.52	264.732	0.598	0.867
A23	109.31	260.657	0.683	0.865

表 2-7(续)

题项	删除项后的标度平均值	删除项后的标度方差	修正后的项与总计相关性	删除项后的克朗巴哈系数
A24	109.52	263.976	0.61	0.866
A25	109.46	264.664	0.633	0.866
A26	109.61	268.592	0.534	0.868
A27	109.66	268.921	0.511	0.869
A28	109.66	269.503	0.494	0.869
A29	110.7	314.419	−0.637	0.894
A30	110.65	309.451	−0.529	0.892
A31	110.67	310.737	−0.58	0.892
A32	110.69	309.292	−0.535	0.892
A33	110.74	310.422	−0.557	0.892

2.3.4 问卷效度分析

效度即有效性,它是指测量工具或手段能够准确测出所需测量事物的程度,主要包括内容效度、准则效度和结构效度三个类型[31]。本次调查研究重点对结构效度加以检验。

结构效度,又称构想效度、建构效度。结构效度是指一项研究实际测到所要测量的理论结构和特质的程度,即调查研究是否真正测量到假设(构造)的理论。结构效度强调问卷调查结果与理论预期的一致性程度,结果能否验证理论假设。

结构效度测量步骤一般为:首先根据具体理论提出关于研究对象的相关假设,其次设计量表并进行相关测试,最后以相关分析、因子分析等具体方法分析测量结果,检验结果与理论假设是否吻合。因子分析是统计学领域的重要分析方法,也是结构效度测量最常见的分析方法。其优点在于以假定的少数变量代表原有变量,并对其进行相关性研究,具有浓缩数据的显著特点。问卷统计分析工作之前,问卷数据的检验环节必不可少,主要通过巴特利球形检验和 KMO 检验计算变量间相关关系,从而判定该调查是否应该进行因子分析。

KMO 检验统计量是通过比较各变量间简单相关系数和偏相关系数的大小判断变量间相关性的指标。相关性强时,偏相关系数远小于简单相关系数,KMO 值接近 1。一般情况下,KMO>0.9 非常适合因子分析;0.8<KMO<0.9 适合因子分析;0.7<KMO<0.8 尚可进行因子分析;0.6<KMO<0.7 因子分析效果很差;KMO<0.5 时不适宜做因子分析。

巴特利球形检验用于验证相关阵是否是单位阵，即检验各变量是否独立。它是以变量的相关系数矩阵为出发点，并假设相关系数矩阵是一个单位阵，该假设称为零假设。如果巴特利球形检验的统计量数值较大，且对应的相伴概率值小于用户给定的显著性水平，则应该拒绝零假设；反之，则不能拒绝零假设，认为相关系数矩阵可能是一个单位阵，不适合做因子分析。若假设不能被否定，则说明这些变量间可能各自独立提供一些信息，缺少公因子，不适宜做因子分析。本次调查问卷的 KMO 和巴特利球形检验结果如表 2-8 所示。

表 2-8　KMO 值和巴特利球形检验结果

KMO 取样适切性量数		0.948
巴特利球形检验	近似卡方	6 831.950
	自由度	528
	显著性	0.000

由表 2-8 可知，煤矿工人不安全行为影响因素测度量表的 KMO 值为 0.948，表明所得调查数据非常适合做因子分析，同时巴特利球形检验近似卡方值为 6 831.950，检验对应的概率 P 值为 0.000，小于显著性水平 0.05，可得相关系数矩阵与单位矩阵之间存在显著性差异，表明所得调查数据之间具有相关性。

由表 2-9 对调查进行效度分析，得出 8 个具有影响力的相关因子，各个量表题目经过最大方差正交旋转后的因子载荷均大于 0.5，根据因子载荷有效性可得，煤矿"零碎"事故不安全行为影响因素测度量表具有较高的结构效度。

表 2-9　因子旋转载荷矩阵

题项	因子							
	1	2	3	4	5	6	7	8
A1				0.792				
A2				0.805				
A3				0.772				
A4				0.82				
A5		0.666						
A6		0.712						
A7		0.673						
A8		0.738						
A9		0.688						

表 2-9(续)

题项	因子							
	1	2	3	4	5	6	7	8
A10		0.751						
A11								0.828
A12								0.843
A13					0.759			
A14					0.803			
A15					0.748			
A16					0.78			
A17							0.765	
A18							0.791	
A19							0.787	
A20	0.741							
A21	0.734							
A22	0.74							
A23	0.767							
A24	0.766							
A25	0.713							
A26						0.798		
A27						0.807		
A28						0.775		
A29			−0.636					
A30			−0.766					
A31			−0.645					
A32			−0.73					
A33			−0.684					

2.3.5 影响因素指标体系确定

通过因子分析,获取几个能够代表影响因素的关键因子,然后将这几个浓缩的关键因子作为新的变量,用来测量对不安全行为的影响程度。

通过载荷矩阵可以得出各变量的因子载荷系数。因子载荷系数是用于反映因子和各变量相关程度的指标,目标变量对因子的决定性程度和影响程度与其绝对值呈正相关关系。对旋转后的因子载荷矩阵进行观察发现:

第一个关键因子主要由四个变量决定,分别是:情绪(A1)、动机(A2)、性格(A3)、安全态度(A4),这些指标主要反映了煤矿员工的心理状态,因此将这个公因子命名为"心理因素"。

第二个关键因子包括:安全技能(A5)、岗位匹配度(A6)、安全知识水平(A7)、隐患辨识能力(A8)、不安全行为判别能力(A9)、承压能力(A10),这些指标主要反映了煤矿员工的能力水平,因此将这个公因子命名为"能力状态"。

第三个关键因子包括:作业疲劳(A11)、生物节律(A12),这些指标主要反映了煤矿员工的生理状态,因此将这个公因子命名为"生理因素"。

第四个关键因子包括:领导因素(A13)、团队因素(A14)、沟通协调(A15)、生活事件(A16),这些指标主要反映了影响不安全行为的社会因素,因此将这个公因子命名为"社会因素"。

第五个关键因子包括:生产设备情况(A17)、人机匹配性(A18)、安全设施情况(A19),这些指标主要反映了企业的设备状况,因此将这个公因子命名为"设备因素"。

第六个关键因子包括:安全教育培训(A20)、安全激励与奖惩(A21)、应急管理水平(A22)、安全投入(A23)、监督管理水平(A24)、安全管理制度(A25),这些指标主要反映了企业的组织管理状况,因此将这个公因子命名为"组织管理"。

第七个关键因子包括:噪声(A26)、照明(A27)、微气候(A28),这些指标从物理环境角度对影响因素进行了细致性的划分,所以将其命名为"物理环境"。

第八个关键因子包括:超时工作(A29)、忽视安全警告(A30)、不按规穿戴安全防护(A31)、违章操作(A32)、拆除安全装置(A33),这些指标从不同角度对煤矿员工的不安全行为状况进行了描述,所以将其命名为"不安全行为"。

根据上述分析,形成相关指标体系,详见表 2-10。

表 2-10　指标体系

关键因子	指标集
心理因素	情绪、动机、性格、安全态度
能力状态	安全技能、岗位匹配度、安全知识水平、隐患辨识能力、不安全行为判别能力、承压能力
生理因素	作业疲劳、生物节律
社会因素	领导因素、团队因素、沟通协调、生活事件

表 2-10(续)

关键因子	指标集
设备因素	生产设备情况、人机匹配性、安全设施情况
组织管理	安全教育培训、安全激励与奖惩、应急管理水平、安全投入、监督管理水平、安全管理制度
物理环境	噪声、照明、微气候
不安全行为	超时工作、忽视安全警告、不按规穿戴安全防护、违章操作、拆除安全装置

2.4 "零碎"事故不安全行为作用机理研究

2.4.1 理论假设和概念模型

2.4.1.1 理论假设

前面分析了关于不安全行为影响因素的指标体系,本节将根据该指标体系分析七大因子对煤矿员工不安全行为的影响,针对心理因素、能力状态、生理因素、社会因素、设备因素、组织管理以及物理环境等七大因子,提出相关假设并进行验证。

(1)心理因素

心理水平影响员工对外界因素的感知与判断,良好的心理状态是工人做出正确选择与判断的基础与前提。煤矿开采业是一项危险性较高、容易发生安全事故的工作,煤矿工人长期工作在恶劣的工作环境中,外界环境细微刺激都可能造成一线员工情绪波动、心理转变,甚至引发某些不安全行为。Xu 等[32]从煤矿员工心理角度研究不安全行为影响作用,认为从众、侥幸、省事心理等会影响矿工不安全行为的发生;Misawa 等[33]对铁路事故发生的心理原因进行研究分析,发现个人因素变化受心理状态的影响,进而作用于人的行为选择。

因此,形成如下假设:

H1:煤矿员工的心理因素对其不安全行为有显著影响。

H2:煤矿员工的心理因素对其能力状态有显著影响。

(2)能力状态

员工能力水平的高低在一定程度上会影响煤矿员工做出正确判断。安全生产的贯彻落实需要工人对安全知识等具备准确的理解与感知。田水承等研究了井下作业人员的个体因素、工作压力与不安全行为之间的关系,发现工人的知识状态对不安全行为影响最大[34]。Rundmo[35]、Simpson 等[36]从风险认知的角度研究不安全行为,认为员工对于风险的认知与觉察程度显著影响着不安全行为。

因此,形成如下假设:

H3:煤矿员工的能力状态对其不安全行为有显著影响。

(3)生理因素

在煤矿生产过程中,职工的生理素质往往会影响其工作的安全状态,员工生理方面的状况比如是否疲劳等往往反映了员工在特殊条件下的心理承受能力和对事故发生时的应变能力。如杜镇等[37]依据国内外实际调查以及研究成果,总结了智商、工作经验、疲劳、年龄、健康与体力状况、生活紧张六个方面的心理因素与不安全行为之间的联系。

因此,形成如下假设:

H4:煤矿员工的生理因素对其不安全行为有显著影响。

(4)社会因素

人是社会中的一员,个体每天的工作生活都是在不断与外界社会的接触中进行的,人际的交流,即系统内部员工间信息的互通与交换,在很大程度上影响着人的行为。在日常生活中,"人-人"层面的非良好运转,如家庭矛盾、社交冲突等都可能导致员工的不安全行为。同时,工人在井下工作时,如果受到这些繁杂琐事的影响过大,则会导致无法集中注意力,工作时分心走神,最终导致作业失误率上升,不安全行为增加,更有甚者会发生"零碎"事故。

因此,形成如下假设:

H5:煤矿企业中的社会因素对员工的不安全行为有显著影响。

H6:煤矿企业中的社会因素对员工的心理因素有显著影响。

(5)设备因素

随着煤矿综合机械化采煤技术的不断发展,煤矿生产所用设备设施的安全高效运行逐渐成为煤矿安全高效生产的关键,所以煤矿生产设备设施和安全设备设施的管理也成为减少煤矿人因失误的关键因素之一。在煤矿企业,生产及安全设施的配置、匹配、管理等在一定程度上直接关系到煤矿员工的生命安全。

因此,形成如下假设:

H7:煤矿企业中的设备因素对员工的不安全行为有显著影响。

(6)组织管理

人为失误或机械故障的产生是组织管理制度存在漏洞在现实层面的体现。企业管理机制的有效完善与改进,有助于企业高层对员工的不安全行为施加有效管理与控制。而组织安全管理工作到位,有助于规避人为失误或机械故障等安全事故,工作环境中潜在的危险性因素也将得以发现并及时排除,安全生产的实现得以可能。张叶馨等[38]根据计划行为理论与社会交换理论,通过实证研究表明组织各个维度都深刻地影响着不安全行为;宋陈澄等[39]以轨迹交叉理论为基础结合煤矿实际情况,把不安全行为影响因素分为不良个体因素、管理缺陷、较大工作压力、缺乏安全氛围。

因此,形成如下假设:

H8:煤矿企业的组织管理对员工的不安全行为有显著影响。

H9:煤矿企业的组织管理对员工的能力状态有显著影响。

H10:煤矿企业的组织管理对员工的生理因素有显著影响。

H11:煤矿企业的组织管理对设备因素有显著影响。

(7) 物理环境

井下环境对矿工安全行为的影响是明显的,环境的不稳定可能直接威胁工作安全。如 Vredenburgh[40]以安全认知理论与安全模式为研究基础,探讨了安全氛围、危险环境、安全行为三者之间的关系,调查得出危险环境与矿工安全行为具有相关关系;Ramsey[41]通过研究发现作业场所的环境因素(包含温度、湿度、灯光、噪声、机械设备等)都会对不安全行为产生一定的影响作用。此外,昏暗嘈杂的作业空间也会影响煤矿员工对风险隐患的辨识能力以及对不安全行为的判断能力等,增加不安全行为发生的概率。

因此,形成如下假设:

H12:煤矿企业中的物理环境对员工的不安全行为有显著影响。

H13:煤矿企业中的物理环境对员工的能力状态有显著影响。

2.4.1.2 概念模型

(1) 假设汇总

对以上假设汇总如下:

H1:煤矿员工的心理因素对其不安全行为有显著影响。

H2:煤矿员工的心理因素对其能力状态有显著影响。

H3:煤矿员工的能力状态对其不安全行为有显著影响。

H4:煤矿员工的生理因素对其不安全行为有显著影响。

H5:煤矿企业中的社会因素对员工的不安全行为有显著影响。

H6:煤矿企业中的社会因素对员工的心理因素有显著影响。

H7:煤矿企业中的设备因素对员工的不安全行为有显著影响。

H8:煤矿企业的组织管理对员工的不安全行为有显著影响。

H9:煤矿企业的组织管理对员工的能力状态有显著影响。

H10:煤矿企业的组织管理对员工的生理因素有显著影响。

H11:煤矿企业的组织管理对设备因素有显著影响。

H12：煤矿企业中的物理环境对员工的不安全行为有显著影响。

H13：煤矿企业中的物理环境对员工的能力状态有显著影响。

（2）绘制概念模型

结合前面的相关假设，建立概念模型，如图 2-1 所示。

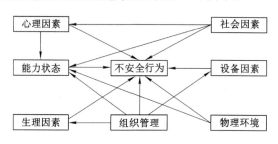

图 2-1　初始假设概念模型图

2.4.2　初始假设模型

根据上述初始假设概念模型，基于结构方程模型的原理，建立相应的路径图，使用 AMOS 24.0 将调研问卷数据导入软件中，得出模型关系结果，详见图 2-2。

2.4.3　模型拟合与修正

（1）模型拟合

采用 Amos 24.0 软件进行验证性因子分析，初始模型拟合指标标准值和实测值见表 2-11。由表 2-11 可知指标在标准值的范围，说明该模型拟合度符合标准要求。

表 2-11　初始模型拟合指标

拟合指标	χ^2/df	TLI	CFI	RMSEA	SRMR
标准值	1～3	＞0.90	＞0.90	＜0.08	＜0.08
实测值	1.372	0.970	0.973	0.035	0.0785

从各影响关系的检验值来看，除存在两条假设路径影响作用不显著外（$P>0.05$），其他影响关系都表现为显著（$P<0.05$），见表 2-12。其中，关系不显著是能力状态对不安全行为的影响作用以及物理环境对能力状态的影响作用。

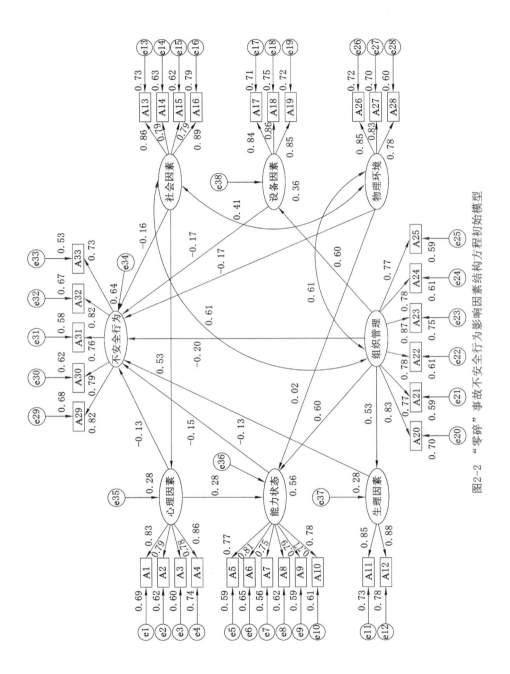

图2-2 "零碎"事故不安全行为影响因素结构方程初始模型

表 2-12　初始模型系数检验结果

假设路径	标准化系数	非标准化系数	标准误差	临界比	P
不安全行为←心理因素	−0.134	−0.137	0.059	−2.334	0.02
不安全行为←能力状态	−0.145	−0.167	0.086	−1.93	0.054
不安全行为←生理因素	−0.128	−0.128	0.057	−2.233	0.026
不安全行为←组织管理	−0.2	−0.248	0.102	−2.437	0.015
不安全行为←设备因素	−0.174	−0.206	0.072	−2.843	0.004
不安全行为←社会因素	−0.165	−0.153	0.06	−2.536	0.011
不安全行为←物理环境	−0.167	−0.193	0.072	−2.685	0.007
心理因素←社会因素	0.529	0.481	0.054	8.836	＊＊＊
能力状态←组织管理	0.597	0.648	0.08	8.09	＊＊＊
生理因素←组织管理	0.53	0.663	0.078	8.458	＊＊＊
设备因素←组织管理	0.597	0.629	0.069	9.167	＊＊＊
能力状态←心理因素	0.276	0.246	0.05	4.935	＊＊＊
能力状态←物理环境	0.02	0.02	0.066	0.298	0.766

（2）模型修正

观察表 2-12 可知，能力状态对不安全行为的影响作用中 P 值为 0.054，接近 0.05，表明能力状态对不安全行为的影响作用存在，但模型尚需进一步修正；而物理环境对能力状态的影响作用中 P 值为 0.766，远大于 0.05，物理环境对能力状态的影响作用不存在。通过分析，昏暗嘈杂的作业空间虽可能会影响煤矿员工的风险隐患辨识能力以及对不安全行为的判断能力，但影响较小，主要可能是借助影响生理、心理系统等，从而传达不安情绪，如工作环境的改变会对工人的生理（比如生物节律引发的疲劳）产生影响，从而影响工人身心健康，进而导致不安全行为的发生。因此，删除模型中那些不存在显著影响作用的关系，并在此基础上，增加从物理环境到心理因素、生理因素两条路径，从而得到改进之后的模型，如图 2-3 所示。改进模型拟合指标标准值和实测值见表 2-13。

表 2-13　改进模型拟合指标

拟合指标	χ^2/df	TLI	CFI	RMSEA	SRMR
标准值	1～3	＞0.90	＞0.90	＜0.08	＜0.08
实测值	1.282	0.977	0.979	0.031	0.0647

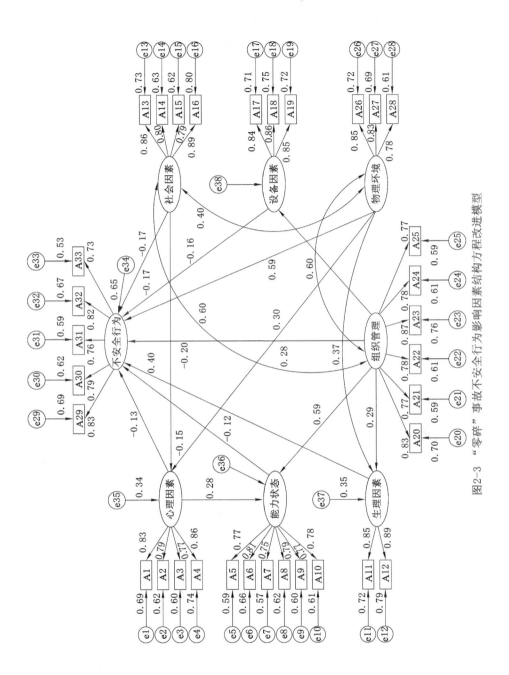

图2-3 "零碎"事故不安全行为影响因素结构方程改进模型

观察上表中改进模型整体拟合指标可知，模型整体的适配度水平进一步提高，指标已达到理想状态。从各影响关系的检验值来看，13条假设路径都表现为显著（$P<0.05$），但能力状态对不安全行为的影响作用关系的 P 值降低为0.052，但不显著，见表2-14，模型仍需进一步修正。

表2-14　改进模型系数检验结果

假设路径	标准化系数	非标准化系数	标准误差	临界比	P
不安全行为←心理因素	−0.126	−0.131	0.06	−2.178	0.029
不安全行为←能力状态	−0.146	−0.167	0.086	−1.943	0.052
不安全行为←生理因素	−0.122	−0.123	0.059	−2.078	0.038
不安全行为←组织管理	−0.201	−0.254	0.099	−2.559	0.01
不安全行为←设备因素	−0.172	−0.206	0.072	−2.854	0.004
不安全行为←社会因素	−0.166	−0.156	0.059	−2.637	0.008
不安全行为←物理环境	−0.161	−0.188	0.076	−2.48	0.013
心理因素←社会因素	0.396	0.36	0.057	6.317	***
心理因素←物理环境	0.3	0.341	0.072	4.698	***
能力状态←组织管理	0.592	0.651	0.069	9.462	***
生理因素←组织管理	0.29	0.362	0.093	3.877	***
设备因素←组织管理	0.592	0.623	0.068	9.099	***
能力状态←心理因素	0.279	0.252	0.05	5.063	***
生理因素←物理环境	0.373	0.434	0.089	4.878	***

考虑采用修正指数（Modification Index，M.I.）对假设模型进行修正和改进，选取统一指标下具有相关性的题项中最大的几项，连接相关性曲线。参照计算出的修正指数优先选取其中较大值进行修正，如表2-15所示。

表2-15　改进模型修正指数

误差	修正指数（M.I.）	参数变化（Par Change）
e30↔①e32	10.677	0.117
e9↔e29	9.63	0.103
e12↔e24	9.196	−0.094
e1↔e5	7.783	−0.095

注：①代表变量之间的相关性。

（3）最终模型

通过增加删减模型中的假设路径，并采用修正指数对假设模型进行修正和改进，模型拟合检验结果见表 2-16。

表 2-16 最终模型拟合指标

拟合指标	χ^2/df	TLI	CFI	RMSEA	SRMR
标准值	1～3	＞0.90	＞0.90	＜0.08	＜0.08
实测值	1.205	0.984	0.985	0.026	0.062 9

从影响系数来看，14 个假设路径均显著，其中 7 条假设路径呈现出显著正向影响作用，7 条假设路径呈现出显著负向影响作用，详见表 2-17。修正后的最终模型如图 2-4 所示。

表 2-17 最终模型系数检验结果

假设路径	标准化系数	非标准化系数	标准误差	临界比	P
不安全行为←心理因素	−0.143	−0.15	0.061	−2.456	0.014
不安全行为←能力状态	−0.158	−0.185	0.089	−2.094	0.036
不安全行为←生理因素	−0.122	−0.126	0.06	−2.096	0.036
不安全行为←组织管理	−0.204	−0.262	0.102	−2.58	0.01
不安全行为←设备因素	−0.167	−0.204	0.073	−2.793	0.005
不安全行为←社会因素	−0.158	−0.152	0.06	−2.536	0.011
不安全行为←物理环境	−0.156	−0.188	0.077	−2.449	0.014
心理因素←社会因素	0.4	0.366	0.057	6.401	＊＊＊
心理因素←物理环境	0.299	0.341	0.073	4.704	＊＊＊
能力状态←组织管理	0.594	0.653	0.069	9.516	＊＊＊
生理因素←组织管理	0.308	0.384	0.093	4.114	＊＊＊
设备因素←组织管理	0.592	0.623	0.068	9.109	＊＊＊
能力状态←心理因素	0.284	0.254	0.049	5.172	＊＊＊
生理因素←物理环境	0.358	0.416	0.089	4.687	＊＊＊

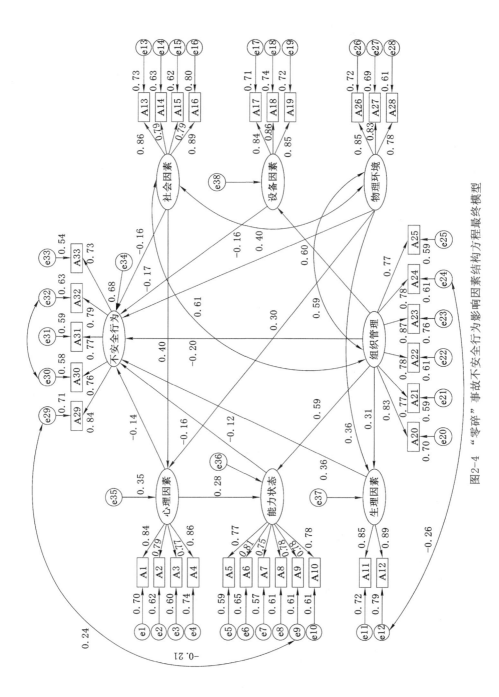

图2-4 "零碎"事故不安全行为影响因素结构方程最终模型

2.4.4 模型结果分析

2.4.4.1 模型解释

(1) 心理因素对不安全行为的影响

假设 H1 为煤矿员工的心理因素对其不安全行为有显著影响,从表 2-17 中可以看出,心理因素对其不安全行为有直接的显著影响,其路径系数是 -0.143,表明随着煤矿员工心理素质的提高,其不安全行为就会越来越少。

假设 H2 为煤矿员工的心理因素对其能力状态有显著影响,从表 2-17 中可以看出,心理因素对其能力状态有显著影响,其路径系数是 0.284,表明正确的安全态度、平稳的情绪等会提高煤矿员工的隐患辨识能力以及不安全行为判别能力,促使其提升自身安全知识水平等,即良好的心理状态会提升煤矿员工的能力水平。

(2) 能力状态对不安全行为的影响

假设 H3 为煤矿员工的能力状态对其不安全行为有显著影响。从表 2-17 中可以看出,能力状态对其不安全行为有直接的显著影响,其路径系数是 -0.158,表明随着煤矿员工能力(如安全知识水平、隐患辨识能力等)的提高,煤矿员工的不安全行为就会越来越少。

(3) 生理因素对不安全行为的影响

假设 H4 为煤矿员工的生理因素对其不安全行为有显著影响。从表 2-17 中可以看出,生理因素对其不安全行为有直接的显著影响,其路径系数是 -0.122,表明煤矿员工生理状态越好,其不安全行为越少。

(4) 社会因素对不安全行为的影响

假设 H5 为煤矿企业中的社会因素对员工的不安全行为有显著影响。从表 2-17 中可以看出,社会因素对员工的不安全行为有直接的显著影响,其路径系数是 -0.158,表明良好的社会环境,如领导者的重视等,会降低煤矿员工的不安全行为发生的概率。

假设 H6 为煤矿企业中的社会因素对员工的心理因素有显著影响。从表 2-17 中可以看出,社会因素对员工的心理状态有显著影响,其路径系数是 0.4,良好的社会环境有助于良好心理的养成,如领导者的重视会提高煤矿员工对安全的重视程度,顺畅的沟通协作会帮助员工拥有平稳的情绪。

(5) 设备因素对不安全行为的影响

假设 H7 为煤矿企业中的设备因素对员工的不安全行为有显著影响。从表 2-17 中可以看出,设备因素对员工的不安全行为有直接的显著影响,其路径系数是 -0.167,表明设备配置越齐全,煤矿员工的不安全行为会越少。

（6）组织管理对不安全行为的影响

假设 H8 为煤矿企业的组织管理对员工的不安全行为有显著影响。从表 2-17 中可以看出,组织管理对员工的不安全行为有直接的显著影响,其路径系数是－0.204,表明煤矿组织管理水平越高,煤矿员工的不安全行为就会越少。

假设 H9 为煤矿企业的组织管理对员工的能力状态有显著影响。从表 2-17 中可以看出,组织管理对员工的能力状态有显著影响,其路径系数是 0.594,表明煤矿组织管理水平越高,如安全教育培训越到位,煤矿员工的能力水平越高。

假设 H10 为煤矿企业的组织管理对员工的生理因素有显著影响。从表 2-17 中可以看出,组织管理对员工的生理因素有显著影响,其路径系数是 0.308,表明煤矿组织管理水平越低,如安排超时、超负荷工作,煤矿员工的生理状态越差。

假设 H11 为煤矿企业的组织管理对设备因素有显著影响。从表 2-17 中可以看出,组织管理对设备因素有直接的显著影响,其路径系数是 0.592,表明煤矿组织管理水平越高,设备配置、管理等越完善。

（7）环境对不安全行为的影响

假设 H12 为煤矿企业中的物理环境对员工的不安全行为有显著影响。从表 2-17 中可以看出,物理环境对不安全行为有直接的显著影响,其路径系数是－0.156,表明物理环境越恶劣,煤矿员工的不安全行为越多。

假设 H13 为煤矿企业中的物理环境对员工的心理因素有显著影响。从表 2-17 中可以看出,物理环境会显著影响员工的心理状态,其路径系数是 0.299,表明物理环境越恶劣,员工的心理状态越差。

假设 H14 为煤矿企业中的物理环境对员工的生理因素有显著影响。从表 2-17 中可以看出,物理环境会显著影响员工的生理状态,其路径系数是 0.358,表明恶劣工作环境会严重影响员工的身体状况,如高热潮湿的工作环境会加剧煤矿员工的疲劳程度。

2.4.4.2　因果效应分析

通过计算总效应、直接效应和间接效应与定量观察变量之间的影响关系,得到如表 2-18 所列计算结果。

表 2-18　最终模型中各变量之间的因果关系

		心理因素	能力状态	生理因素	社会因素	设备因素	组织管理	物理环境
心理因素	总效应				0.400			0.299
	直接效应				0.400			0.299
	间接效应				0.000			0.000

表 2-18(续)

		心理因素	能力状态	生理因素	社会因素	设备因素	组织管理	物理环境
能力状态	总效应	0.284			0.114		0.594	0.114
	直接效应	0.284			0.000		0.594	0.000
	间接效应	0.000			0.114		0.000	0.114
生理因素	总效应						0.308	0.358
	直接效应						0.308	0.358
	间接效应						0.000	0.000
设备因素	总效应						0.592	
	直接效应						0.592	
	间接效应						0.000	
不安全行为	总效应	−0.188	−0.158	−0.122	−0.233	−0.167	−0.434	−0.256
	直接效应	−0.143	−0.158	−0.122	−0.158	−0.167	−0.204	−0.156
	间接效应	−0.045	0.000	0.000	−0.075	0.000	−0.230	−0.100

总效应是将相互影响的作用因素全部计入,即无论是否有中介变量的参与,只要有相互作用就称之为有影响。从表 2-18 中第一列的结果来看,心理因素对不安全行为的直接效应是−0.143,心理因素对不安全行为的间接效应是−0.045,因此,心理因素对不安全行为的总效应为−0.143+(−0.045)=−0.188。从总效应来看,各因素对不安全行为的总体影响从大到小依次为:组织管理、物理环境、社会因素、心理因素、设备因素、能力状态、生理因素。

从影响的路径来分析,心理因素、能力状态、生理因素、社会因素、设备因素、组织管理、物理环境均可直接影响"零碎"事故不安全行为。此外,还可通过以下路径进行影响:"心理因素→能力状态→不安全行为""组织管理→能力状态→不安全行为""组织管理→生理因素→不安全行为""组织管理→设备因素→不安全行为""社会因素→心理因素→不安全行为""物理环境→心理因素→不安全行为""物理环境→生理因素→不安全行为""社会因素→心理因素→能力状态→不安全行为""物理环境→心理因素→能力状态→不安全行为"。

从宏观角度看,心理因素、能力状态、生理因素都属于"人"因素,社会因素属于"人-人"因素,设备因素属于"人-硬件"因素,组织管理属于"人-软件"因素,物理环境属于"人-环境"因素。将同一类因素的总效应加和可以得到,"人"因素对不安全行为的总效应为−0.188+(−0.158)+(−0.122)=−0.468,"人-人"因素对不安全行为的总效应为−0.233,"人-硬件"因素对不安全行为的总效应为−0.167,"人-软件"因素对不安全行为的总效应为−0.434,"人-环境"因素对不安全行为的总效应为一0.256。因此,总效应从大到小依次为:"人"因素、"人-软件"因素、"人-环境"因素、"人-人"因素、"人-硬件"因素。

2.5　本章小结

（1）通过对火灾、道路交通、医疗、民航领域关于事故等级划分的梳理发现,为了将安全关口前移,一些领域将不安全事件进行了细分,主要依据的是事件造成的人员损伤或财产损失。遵循类似思路,对煤矿"零碎"事故进行了定义,其负效应是未造成人员死亡或者重伤,但引起了人员健康损害,且造成的人员健康损害为轻伤级别。

（2）对影响"零碎"事故不安全行为内外因素及作用机理进行了理论和实证研究,得出以下结论:影响不安全行为的内在因素包括:心理因素、能力状态、生理因素等 3 个因素;影响不安全行为的外在因素包括:社会因素、设备因素、组织管理、物理环境等 4 个因素。构建了不安全行为作用机理假设模型,并通过实证研究评价和修正了模型,得到了内因与外因对不安全行为的影响作用,结果表明:各因素对不安全行为的总体影响从大到小依次为:组织管理、物理环境、社会因素、心理因素、设备因素、能力状态、生理因素。

第3章　煤矿岗位作业"四位一体"行为安全管理模型的构建

通过第 2 章对"零碎"事故的致因分析,得到"零碎"事故发生的影响因素。为了消除人的不安全行为,从根源杜绝"零碎"事故,根据事故致因原理,基于行为科学理论和安全管理方法,分析了行为安全管理的内涵和作用机理,并结合实际生产的工序和流程,从危险预知、安全支持、安全控制、流程作业等 4 个方面构建了煤矿岗位作业"四位一体"行为安全管理模型,深入阐释了模型中"危险预知""安全支持""安全控制""流程作业"等 4 大要素之间的相互关系;对模型的每一层次进行了归纳分析;通过与其他相关模型的对比,佐证了该模型的适用性和科学性。

3.1　煤矿岗位作业行为安全管理模型构建的必要性和可行性

3.1.1　必要性分析

在事故致因方面,目前研究结论普遍认为,绝大多数的事故是由人的不安全行为引起的[42-45]。行为学越来越成为安全管理研究的重点[46-47]。甚至有学者将狭义的安全管理定义为研究行为控制的科学[48]。这与第 2 章的研究结论也是一致的。因此,为了消除人的不安全行为,从根源杜绝"零碎"事故,必须做好安全管理,尤其是行为安全管理。当前,煤矿安全风险预控管理体系和煤矿安全生产标准化管理体系共同构成了煤矿行业主要的安全管理体系。

前者主要依据原国家安全生产监督管理总局颁发的《煤矿安全风险预控管理体系规范》(AQ/T 1093—2011)(以下简称"规范"),该规范指出,煤矿应建立并保持安全风险预控管理体系。煤矿安全风险预控管理体系包含风险预控管理、生产系统安全要素管理、员工的不安全行为管理、综合管理以及保障管理五大部分,其中风险预控管理是核心要素,整个体系均围绕此项工作来开展。图 3-1 所示为整个体系的要素关系[49]。其中,员工不安全行为管理这一要素中包含了员工准入管理、员工不安全行为分类、员工岗位规范、不安全行为控制措施、员工培训教育、员工行为监督、员工档案等七个模块[50]。但该规范中只是对每个要素或其包含的模块提出了建设原则和要求,而并未有具体的方法论进行指导。如对于"不安全行为控制措施"这一模块,该规范指出,煤矿应制定员工不安全行为控制措施,以确保员工岗位规范的有效执行,措施应结合煤矿自身的特点和员工不安全行为特征、涵盖影响煤矿员工不安全行为的各类因素、针对不同类型的不安全行为分别制定。显然,对于员工不安全行为控制措施,规范只是提出了措施需要满足哪些要求,但如何制定措施却并未说明。因此,在煤矿企业的实际"落地"应用中,还需要运用具体的方法和工具进行体系的建设。

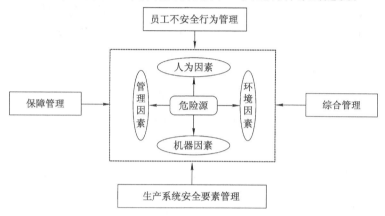

图 3-1 煤矿安全风险预控管理体系要素关系

为贯彻落实《中华人民共和国安全生产法》的相关规定,指导煤矿构建安全风险分级管控和事故隐患排查治理双重预防机制,进一步强化煤矿安全基础,提升安全保障能力,国家煤矿安全监察局组织制定了《煤矿安全生产标准化考核定级办法(试行)》(以下简称《定级办法》)和《煤矿安全生产标准化基本要求及评分方法(试行)》(以下简称《评分办法》),并于 2020 年 7 月 1 日起实施。该系列文件是在 2013 年发布的《煤矿安全质量标准化考核评级办法(试行)》和《煤矿安全质量标准化基本要求及评分方法(试行)》基础上修订发展而来的[53]。煤矿安全生产标准化管理体系包括理念目标和矿长安全承诺、组织机构、安全生产责任制及安全管理制度、从业人员素质、安全风险分级管控、事故隐患排查治理、质量控制、持续改进等 8 个要素(图 3-2)。

从定级办法的具体内容可以看出,此次系列文件的修订,其创新在于提出了在煤矿构建安全风险分级管控和事故隐患排查治理双重预防机制的具体要求。因此,煤矿安全生产标准化体系是以管理标准化理论为基础,以实现标准化管理在煤矿安全管理中的应用为特色,融合安全风险分级管控、事故隐患排查治理内容,将其纳入煤矿安全生产管理的过程中,形成的煤矿安全基础建设工作体系。

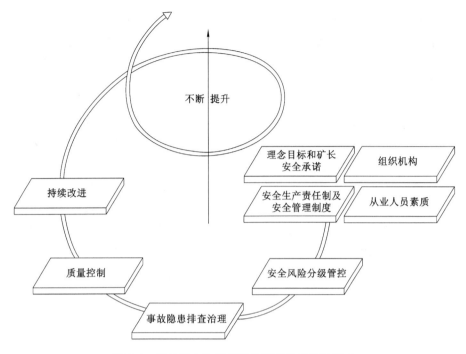

图 3-2　煤矿安全生产标准化管理体系运行模式

定级办法从监管考评的角度对煤矿企业的安全风险分级管控和事故隐患排查治理工作提出了要求,包括工作内容、工作实施条件、保障措施等。但体系的定级办法只是指导性文件,与煤矿安全风险预控管理体系类似,在煤矿企业的实际"落地"应用中,还需要运用具体的方法和工具进行体系的建设。

　　管理体系是一个文件化的体系,这些文件是管理体系信息及其载体的总称,按体系涉及的过程、使用对象和文件编排所采用的结构,体系文件从上到下可划分为管理手册、程序文件、作业指导书、记录表格等 4 个层次[52],如图 3-3 所示。

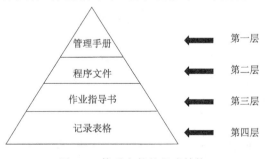

图 3-3　体系文件的组成结构

煤矿安全风险预控管理体系和煤矿安全生产标准化管理体系分别所对应的规范和定级办法,同属第一层次和第二层次的范畴。但第三层次和第四层次的文件尚无统一的要求和内容,企业应用水平参差不齐。对于行为安全管理,除了建设安全管理体系进行指导和保障外,其核心是操作层面的标准要求。因此,可以将行为安全管理融入操作层面,创立岗位标准化作业流程。同时,岗位标准化作业流程作为指导操作层面作业的文件,其性质、使用方向、应用对象与操作规程、作业指导书等文件一致,属于安全管理体系的第三层次文件。岗位标准化作业流程的作业步骤和标准内容,以流程图和表单的方式表现出来,员工使用岗位标准化作业流程进行作业而形成的记录,又构成了安全管理体系的第四层次文件。此外,管理模型可以为具体管理措施的实施提供设计思路和理论指导。因此,有必要构建岗位标准化作业流程管理模型,为岗位标准化作业流程的制定提供理论依据,以期消除人的不安全行为,从根源杜绝"零碎"事故,并进一步扩展和丰富安全管理体系的内容。

3.1.2 可行性分析

通过 3.1.1 对煤矿安全风险预控管理体系和煤矿安全生产标准化管理体系的分析,阐明了构建煤矿岗位作业行为安全管理模型的必要性,并提出将行为安全管理与岗位标准化作业流程进行融合,其可行性分析如下。

(1)岗位标准化作业流程和行为安全管理具有流程化管理的共同特点

岗位标准化作业流程强调的是作业过程中的流程和标准,流程化管理在岗位标准化作业流程中得到了充分的应用与体现。按照作业先后顺序,对班前准备、作业实施、作业结束、记录填制等全过程的工序环节,进行完整、详细的梳理,纵向形成了作业过程的流程图;对每项作业步骤中涉及的相关事宜,按作业内容、作业标准、相关制度、作业表单、作业人员、安全提示等顺序作出准确、具体的描述,横向形成了环节内容的信息链。将纵向的作业流程内容和横向的环节信息内容进行表格化汇总、整合,形成了完整、清晰的标准化作业工单。岗位标准化作业流程的编制、推广、应用,按照编、审、批、发、学、用、评的流程实现闭环管理。梳理一个企业的所有工作任务,按流程图和标准作业工单的统一格式进行编制、完善,即形成了岗位标准化作业流程的企业标准,构建起标准作业的数据库。

行为安全管理的核心是行为控制,按照不安全行为辨识、风险评估、行为管控措施的制定和实施、不安全行为监测和再控制的流程,对企业每个生产环节的全过程实施行为控制,以一套流程涵盖行为安全管理的全部要素,贯穿企业安全生产的全过程。因此,可以用系统流程管理的思路来分析企业员工的安全行为,以流程管理的方法来规范具体的工作任务。对作业流程中的关键点进行细化和量化,解决工作任务由谁做、做什么、怎么做、做到什么程度、达到什么标准等问题。对作业流程中涉及的不安全行为,更加全面地进行分析和控制。

（2）岗位标准化作业流程和行为安全管理具有共同的目标

岗位标准化作业流程和行为安全管理是筑牢煤矿安全生产基石、强化和提高煤矿安全管理水平、避免不安全行为、实现安全生产的有效手段。推广和实施岗位标准化作业流程的目的是实现煤矿的安全生产,提高生产效率。实施行为安全管理的目的是实现行为安全、杜绝不安全行为导致的事故的发生。二者的侧重点不同、方法不同、途径不同,但目的是一致的,均是为了保证安全生产,最终效果是风险得到有效管控,安全生产目标得以顺利实现。

3.2　煤矿岗位作业行为安全管理的作用机制

煤矿岗位作业行为安全管理的本质是实现岗位标准化作业流程管理,从而实现对不安全行为的有效控制,提高企业的生产效率。本节将从管理学、组织行为学、事故致因理论等方面来分析煤矿岗位作业行为安全管理的作用机制。

3.2.1　BBS 管理

英国学者于 1979 年最早提出了行为安全（Behavior Based Safety，BBS）一词[53]。BBS 原理可以总结为人的安全良知和安全习惯不是天生的,而是可以通过培训加以改善的[54]。BBS 理论认为不安全行为是事故的主要原因,正确的行为可以减少事故的发生。表扬和鼓励员工的安全行为比惩罚员工的不安全行为要好。行为可以通过观察、分析和反馈等方法加以衡量和改进。定义不安全行为的最佳人选是员工本身,员工的参与和沟通可以提高组织的安全绩效[55]。行为安全管理流程如图 3-4 所示。

图 3-4　行为安全管理流程

BBS 原理主要通过 ABC（Activator-Behavior-Consequence）法进行行为分析,其中,A 指行为发生的前因;B 指行为;C 指行为产生的结果并且对行为有反馈影响。作用原理是通过设定相应目标,刺激员工形成行为动机进而促使行为产生;反之,根据行为结果 C,设置绩效反馈来矫正和改变员工的行为选择[56]。

图 3-5 所示为 ABC 行为分析理论模型。

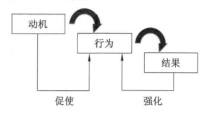

图 3-5　ABC 行为分析理论模型

从以上对行为安全理论的分析可以发现,对不安全行为的矫正需要流程化的手段来实施。因此在制定具体的岗位标准化流程管理内容时,可以采用 BBS 管理理论进行具体指导。

3.2.2　事故致因的预防机制

（1）海因里希(Heinrich)事故致因的预防

海因里希在对大量的事故进行统计分析后发现,基本上所有事故伤害是可以避免的。在可避免事故的事故原因中,不安全行为、不安全的设备或环境状态、不可避免的其他原因比例大约为 88%、10%、2%。而设备或环境的不安全状态主要也是由人的不安全行为引起的,所以绝大部分伤害事故的最根本原因还是人的不安全行为。在此基础上,海因里希等提出了"事故因果连锁理论",又称多米诺骨牌理论[57]。该理论将事故和导致事故发生的原因以因果链的形式展示,如图 3-6 所示。因果链中包括遗传及环境因素、人的缺点、人的不安全行为或者物的不安全状态、安全事故以及事故后果五个环节,只要一个事件发生,后续的事件就会像多米诺骨牌被推倒一样接连发生,最终导致安全事故和伤亡。

图 3-6　事故因果连锁理论

从海因里希事故因果连锁理论可以看出,如果要阻止事故的发生,可以将在事故之前的任一事件进行抽离或者防护,从而阻断事故链。岗位标准化作业流程管理是通过一系列管理方法,规范现场人员的行为,从而杜绝不安全行为,起到阻断事故链的作用,作用机制如图 3-7 所示。

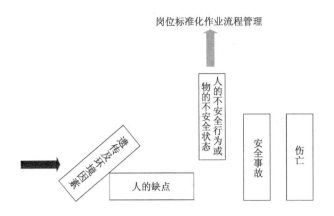

图 3-7　海因里希事故致因的预防模型

(2) 基于"瑞士奶酪"模型的作用机制

"瑞士奶酪"模型(图 3-8)是由英国曼彻斯特大学精神医学教授 James Reason 于 1990 年在其心理学著作 *Human Error* 一书中提出的概念模型。在该模型中,组织事故的发生具有四个层面的因素,分别是组织影响、不安全的监督、不安全行为的前兆、不安全的操作行为。每个因素都有一道防御的屏障,宛如一块块奶酪。正常情况下,每一层奶酪上面"漏洞"的位置和大小处于不断变化中,奶酪多层重叠,可以相互弥补各自的缺陷。但是当这些"漏洞"排列成一条直线时,屏障失效,导致事故的发生[58]。

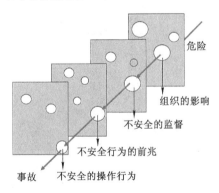

图 3-8　"瑞士奶酪"模型

从"瑞士奶酪"模型可以得出,要避免事故的发生,首先要是阻止显性因素即第一层不安全操作行为的发生,堵住其"漏洞"。其次,对于后面几层的隐性因素,也应及时进行调整,避免"漏洞"的直线排列[59]。岗位标准化作业流程管理的实施,可以堵住不安全操作行为这一"漏洞",调节其他层次"漏洞"的位置,作用机制如图3-9所示。

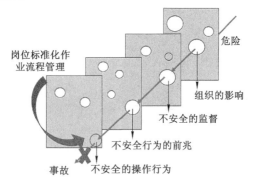

图 3-9　基于"瑞士奶酪"模型的作用机制

（3）事故轨迹交叉的预防

轨迹交叉理论认为:每个导致事故发生的不安全因素都有各自的轨迹,人的不安全行为和物的不安全状态在特定时空发生交叉时,会导致事故的发生,如图3-10所示[60]。

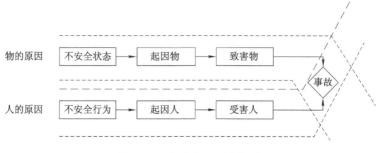

图 3-10　轨迹交叉理论模型

为了避免事故的发生,从轨迹交叉理论出发,即防止人的不安全行为和物的不安全状态在特定的同一时空交叉。岗位标准化作业流程管理,可用于保障不安全行为和不安全物体轨迹的分离,作用机制如图3-11所示。

3.2.3　斜坡球体理论

斜坡球体理论是由海尔集团在其企业管理的不断实践中创立的,被称为"海尔发展定律",目前已被作为经典案例收入美国哈佛商学院的教科书。斜坡球体

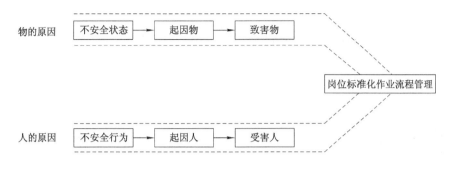

图 3-11　事故轨迹交叉的预防机制

理论认为,处于市场中的企业就像是斜坡上的球体,该球体会受到来自市场竞争以及内部员工等各个方面的压力,如果没有外力支持,球体就会下滑[61]。目前,已有学者应用该模型进行了旅游安全下滑力[62]、煤矿安全质量标准化[63]建设方面的研究。

煤矿安全状态也可以用以上模型进行分析,如图 3-12 所示,煤矿安全状态就像一个停在斜坡上的"球"。煤矿生产的动态性和复杂性、不可抗的自然灾害、煤矿企业一味追求生产效益而"短视"安全问题、煤矿企业安全管理上存在缺陷、员工自身因缺乏安全意识产生不安全行为等,导致煤矿安全水平可能会降低。这些因素构成了煤矿安全的"下滑力"。煤矿本质化安全装备以及安全管理体系的应用,包括岗位标准化作业流程管理的实施,是杜绝不安全行为、避免事故发生的基础,是煤矿安全状态"球"的基本支撑力,对煤矿安全的保障发挥基础作用。

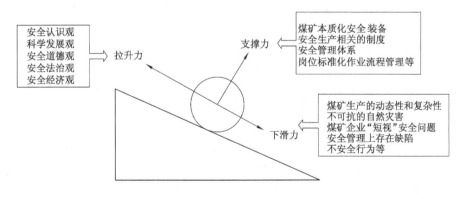

图 3-12　斜坡球体理论模型

3.3 煤矿岗位作业"四位一体"行为安全管理模型的构建

3.3.1 模型的构建

为了实现岗位标准化作业流程管理,煤矿岗位作业行为安全管理实质上是根据标准操作规程(Standard Operating Procedure,SOP)的做法[64],结合行为科学理论,分析人员不安全行为出现的原因,提出有针对性的措施,杜绝不安全行为的发生或避免造成人和物的轨迹交叉。所以,模型的核心是岗位安全作业标准的制定。从识别危险因素开始,一步步向前分析原因,逐步推导至标准措施,并应用反馈调节机制,构建出如图 3-13 所示的较为完善的煤矿岗位作业行为安全管理模型。

危险预知是进行岗位标准化作业流程管理的第一步,通过危险预知对危险源、隐患等进行识别,得到辨识结果。根据危险辨识结果,结合事故致因理论等,对危险源和隐患,尤其是不安全行为,进行分析和分类,哪些属于内隐型,哪些属于外显型。对于外显型的不安全因素(主要指人的不安全行为和物的不安全状态),采取现场控制的方法进行纠正;对于内隐型的不安全因素(主要是指造成人的不安全行为或物的不安全状态的潜在原因),采取背后支持的方法进行弥补。针对安全控制和安全支持,分别提出对应的实施思路,并结合企业实际,制定实践方案。根据实践方案的运行,形成相应的操作规范,并结合生产工艺,最终形成作业流程。

3.3.2 模型结构解析及关系说明

从图 3-13 可知,煤矿岗位作业行为安全管理模型的核心节点首先在于"危险预知",通过危险预知才能查找危险源或隐患,并根据查找辨识的结果进行归纳分析;其次,针对不同类型的不安全因素,相应提出"安全支持"和"安全控制"两大核心策略;并根据策略思路,分别进行具体方案和措施的设计,并最终结合生产工艺,形成"流程作业"这一核心节点。根据核心节点的提炼,梳理模型结构,如图 3-14 所示。其中,要素层为以上四大核心要素,因此可称为岗位作业"四位一体"行为安全管理模型(简称"四位一体"模型);理论层解释了模型核心要素所需的理论依据;方法层列举了实现核心要素的方法。

(1)要素层。煤矿岗位作业"四位一体"行为安全管理模型包括"危险预知""安全支持""安全控制""流程作业"四大要素。"危险预知"是模型的第一大要素,也是依据模型理论开展系列工作的前提;"安全支持""安全控制"是依据模型

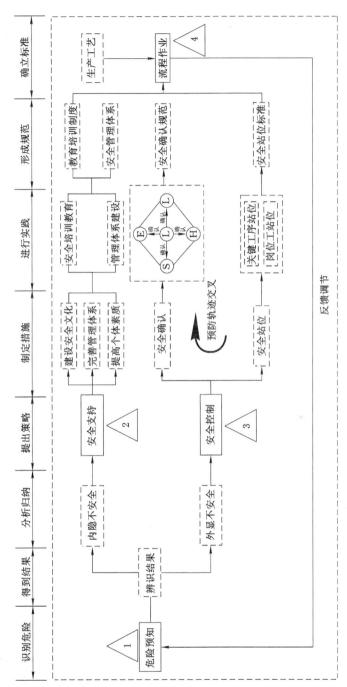

图3-13　煤矿岗位作业行为安全管理模型

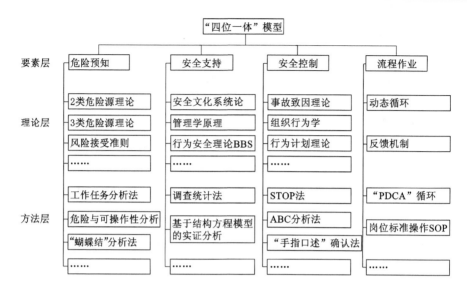

图 3-14 煤矿岗位作业"四位一体"行为安全管理模型的结构层次

理论开展系列工作的核心,根据这两个要素,为具体措施的制定提供依据。"流程作业"是对前述工作的归纳和总结,将指定的措施标准化,形成规范。

(2)理论层。在 3.2 节煤矿岗位作业"四位一体"行为安全管理的作用机制中,已对整个模型建立的理论依据进行了阐述。对应于每个核心要素,需要相应的理论进行支撑。如对于"危险预知",需要掌握"2 类危险源理论""3 类危险源理论"等,依据危险源的分类理论,对风险或隐患进行识别。

(3)方法层。方法层是指在依据"四位一体"模型开展工作时,对所需具体方法的列举。如在进行"危险预知"时,可采用工作任务分析法、危险与可操作性分析以及"蝴蝶结"分析法等开展风险或隐患的分析,具体选取的方法需要根据所分析系统的特征、期望的分析结论、所获取的资料等来确定。

对于模型要素之间的关系,进一步分析如下:

(1)岗位标准化作业流程为危险预知提供了具体的分析路径和支撑

对危险源进行辨识是开展行为安全管理的前提环节和基础工作,其中,工作任务分析法是危险源辨识的常用方法之一,用工作任务分析法开展危险源辨识时,首先要梳理任务和工序,列出工作任务的完整工序清单,进而对每一工序中涉及的人、机、环进行全面辨识和风险分析。岗位标准化作业流程的推出,为使用工作任务分析法开展危险源辨识提供了方便。参照流程图和流程步骤来建立工序清单,使工序清单的编制更具科学性和便捷性,避免出现差错和遗漏。所以,岗位标准化作业流程不仅仅是员工进行作业的指导书,还是实施危险源辨识的依据之一,是危险源辨识工作必须参考的基础资料,它为使用工作任务分析法开展危险源辨识提供了具体支撑。

(2)岗位标准化作业流程充分借鉴运用了危险预知的成果

在使用岗位标准化作业流程时,将危险源辨识和风险评估作为所有工作任务班前准备环节的内容之一予以固定,使危险源辨识和风险评估在流程中得到常态化开展,成为保证后续作业工序安全、有序进行的前提。同时,通过危险源关联,将之前危险源辨识的结果也引入流程中,使危险源辨识的成果得到转化和实际应用,完善了作业的安全措施,丰富了作业工单的内容。通过安全规程关联、制度关联,将岗位标准化作业流程的内容与安全规程、安全管理制度的内容有机融合、互相渗透,在员工按流程开展作业的同时,促进了安全规程、管理制度的执行、落实。在编制岗位标准化作业流程时,需充分参考安全操作规程、安全风险预控体系的管理标准和管控措施等内容,将安全风险预控管理的成果引入流程的作业标准、安全提示等内容中,使风险预控管理的理念、管理标准、管控措施,随着岗位标准化作业流程一起在作业过程中得以具体落实,实现了作业延伸到哪里,安全风险预控措施就落实到哪里,保障了作业过程风险能控、可控、在控。

(3)岗位标准化作业流程是安全控制和安全支持"落地"的有效抓手

岗位标准化作业流程通过明确岗位工作的流程、内容、标准、安全等要求,让岗位匹配流程、流程匹配岗位,达到岗位、人员、流程的科学配置,保证岗位员工运用正确的流程和标准做正确的事情,使岗位标准化作业流程成为员工标准化作业的指导书,成为员工不安全行为矫正培训的经典课程,促进员工行为规范化、作业标准化、管理流程化、生产高效化,从而有效控制、避免不安全行为的发生,实现安全生产。岗位标准化作业流程是控制和避免员工不安全行为的具体措施和程序,是开展安全控制和安全支持的重要抓手和有效途径,是实现安全、优质、高效生产的可靠保证。岗位标准化作业流程与安全控制、安全支持互相印证,成为模型中的有机组成部分。

3.3.3 与其他相关模型的比较分析

前面已经阐述了煤矿岗位作业"四位一体"行为安全管理与安全管理之间的层次关系。事故致因模型是典型的安全管理模型[65],本节通过对典型事故致因模型的梳理,并与提出的煤矿岗位作业行为安全管理模型进行比较,说明该模型的适用性和科学性。

通过对事故致因模型的梳理,Coze指出在系统安全分析和事故致因分析中,在个人层级和社会层级之间建立"微观-中观-宏观"联系属于基础理论和方法论问题[66];Durugbo 从微观、中观、宏观 3 个维度论述了系统信息流建模研究现状[67]。基于此,可从微观、中观、宏观 3 个层面来比较事故致因模型:微观层面的事故致因模型主要着眼于微观安全系统,如以人或机为中心的、以人机交互为中心的事故致因模型;中观层面的事故致因模型主要着眼于中观安全系统,如以企业等组织系统为中心的事故致因模型;宏观层面的事故致因模型主要着眼于宏观安全系统,如以社会技术系统的大环境为背景的事故致因模型。如表 3-1 所示。

表 3-1　典型事故致因模型列举

层　　次	模型名称
微观层面	认知可靠性和失误分析模型(CREAM)、人的信息处理模型(HIPM)、屏障分析法(Barrier Analysis,BA)[68]、变更分析法(Change Analysis,CA)[69]等
中观层面	"瑞士奶酪"模型、人为因素分析分类法(HFACS)、管理疏忽与风险树(MORT)、三脚架事故调查方法(TRIPOD)、流变-突变("R-M")[70]等
宏观层面	事故地图模型(Accimap)[71]、基于系统理论的事故致因与流程模型(STAMP)等

但以上模型分类还存在一些不足:微观层面的模型侧重于个体的行为分析,并不涉及组织层面,中观层面和宏观层面的模型涉及了个体和组织两个层面的行为因素,但各行为因素间缺乏严密的逻辑关系[65]。基于此,一些学者对事故致因模型进行了发展和完善,典型的是傅贵教授提出的事故致因"2-4"模型[72]。此外,吴超教授等人从行为安全本身出发,针对安全行为产生及作用的完整过程和机理,提出了行为安全管理元模型等一系列研究成果[65,73-75]。因此,本节将重点介绍这两类模型,并比较它们与本书所提"四位一体"模型的异同,说明"四位一体"模型的继承和发展脉络。

3.3.3.1　与事故致因"2-4"模型系列研究成果的比较

自 2005 年傅贵教授提出"2-4"模型的首个版本[76],至今已发展了五个版本。其中,最广为应用的是第四个版本,如图 3-15 所示。在该版本的模型中,事故最先因安全文化欠缺而开始孕育,安全文化将作用于安全管理体系的制定与执行,而安全管理体系影响人的安全知识、意识与习惯的获得或养成以及安全心理与生理的状况。若个人安全知识不足、安全意识不强或安全习惯不佳、安全心理或生理不佳则易产生不安全动作与不安全物态,进而引发事故,造成损失。在分类原因链中,安全文化,安全管理体系,安全知识、安全意识、安全习惯、安全心理与生理,以及不安全动作与不安全物态分别对应事故发生的根源原因、根本原因、间接原因与直接原因;在行为发展链中,将组织层面的安全文化与安全管理体系分别定义为指导行为与运行行为,将个人层面的安全知识、安全意识、安全习惯、安全心理与生理定义为习惯性行为,区别于不安全动作的一次性行为。

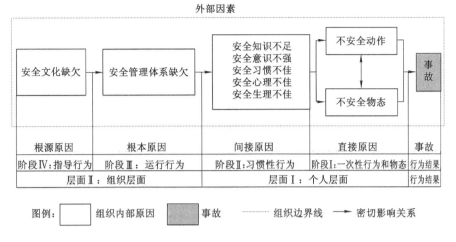

图 3-15　第四版"2-4"模型

在本书的"四位一体"模型中,实际上依据了"2-4"模型的致因分析,针对"2-4"模型中的不同事故原因,提出了针对性的措施,对比如表 3-2 所示。

表 3-2　"2-4"模型与"四位一体"模型的对比

"2-4"模型	"四位一体"模型
根源原因:安全文化缺失	安全支持:建设安全文化
根本原因:安全管理体系缺失	安全支持:完善管理体系
间接原因:安全知识不足、安全意识不强、安全习惯不佳、安全心理不佳、安全生理不佳	安全支持:提高个体素质
直接原因:不安全动作、不安全物态	安全控制:安全确认、安全站位

从表 3-2 可以看出,"四位一体"模型的措施分类与"2-4"模型中的原因分类有着一致的对应关系。

此外,为了增加模型的通用性,反映出正负效应事件的作用,傅贵教授对"2-4"模型进行了升级,最新的第五版如图 3-16 所示[77]。该模型分为动态非线性和静态线性两种表达方式,能体现出反馈调节的机制,但整个模型还是以事故致因为核心,未体现出"管理"或"干预",可以作为管理模型建立的依据,但不能直接用于管理的指导。

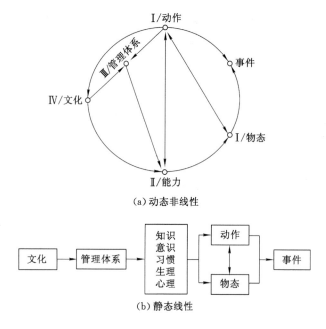

（a）动态非线性

（b）静态线性

图 3-16　第五版"2-4"模型

3.3.3.2　与安全管理元模型系列研究成果的比较

吴超教授等直接以安全行为本体为出发点,构建了行为安全管理元模型,如图 3-17 所示[65]。该模型具有以下特点:将组织系统分为自组织系统和他组织系统,其中自组织系统表示需要进行安全管理的某一系统,其他涉及的系统均为他组织系统。将安全行为分为内隐安全行为和外显安全行为,内隐安全行为决定了外显安全行为。同时还强调了安全信息认知反馈,这一环节是行为安全管理的作用原理。

在本书所提"四位一体"模型中,也将识别出的危险因素分为了内隐不安全和外显不安全,其与行为安全管理元模型的分类思想一致。"四位一体"模型中"流程作业"和"危险预知"之间的反馈调节,也应用了认知反馈的思想,对比如表 3-3 所示。

表 3-3　行为安全管理元模型与"四位一体"模型的对比

行为安全管理元模型	"四位一体"模型
根源原因:安全文化缺失	安全支持:建设安全文化
直接原因:外显安全行为	安全控制:安全确认、安全站位
安全信息认知反馈	反馈调节

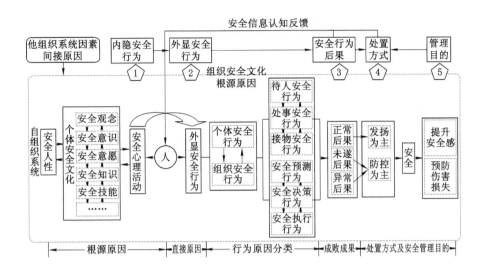

图 3-17　行为安全管理元模型

在安全管理元模型基础上,吴超教授团队又提出了内隐安全行为干预模型,给出了内隐安全行为的被影响过程,如图 3-18 所示[73]。

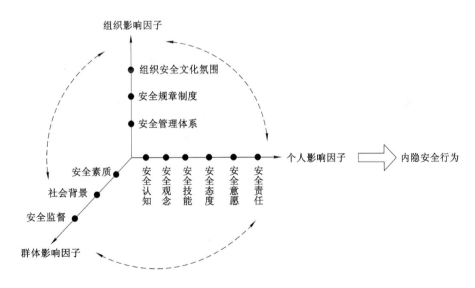

图 3-18　内隐安全行为被影响过程示意图

将该过程与"四位一体"模型进行对比,如表 3-4 所示。

表 3-4   内隐安全行为干预模型与"四位一体"模型的对比

内隐安全行为干预模型	"四位一体"模型
组织影响因子:组织安全文化氛围	建设安全文化
组织影响因子:安全规章制度、安全管理体系	完善管理体系
个人影响因子:安全认知、安全观念、安全技能、安全态度、安全意愿、安全责任 群体影响因子:安全素质	提高个体素质
群体影响因子:社会背景、安全监督	"零碎"事故涉及个人和自组织,不考虑他组织

安全管理元模型系列研究成果体现了反馈调节的思想,更符合管理的思路,"四位一体"模型中也应用了其中的原理和思想。但总体来说,该系列模型的理论性太强,不利于现场指导。

3.4 本章小结

本章首先从管理体系组成以及行为安全管理内涵的角度,对煤矿岗位作业"四位一体"行为安全管理模型建设的必要性和可行性进行了分析;其次,根据事故致因原理、行为科学理论和安全管理方法,对"四位一体"行为安全管理的作用机制进行了分析。结合实际生产的工序和流程,从危险预知、安全支持、安全控制、流程作业等 4 个方面构建了煤矿岗位作业"四位一体"行为安全管理模型,对模型要素的相互关系和结构层次进行了分析;通过与事故致因"2-4"模型与安全管理元模型系列研究成果的对比,佐证了该模型的适用性和科学性。

第4章 危 险 预 知

本章对危险预知的含义进行了解释,并通过对危险辨识常用的方法进行比选,确定适用于危险预知的识别方法,建立岗位危险辨识和风险评估流程。最后以城郊煤矿为例,通过现场调研等方式,进行应用,得到危险预知的结果。

4.1 危险预知的理论基础与实施方法

4.1.1 危险预知的来源

"危险预知"名词来源于"危险预知训练"这一概念,"危险预知训练"最早是由日本著名的钢铁企业住友金属工业株式会社下属的工厂发起的,后来经过日本三菱重工等企业的发展而形成的技术方案。危险预知训练又被称为"KYT",其中"K"代表了日本语中危险的罗马字母"Kiken","Y"代表了日本语中预知的罗马字母"Yochi","T"则代指训练的英文单词"Training"[78]。KYT 是面向生产作业的全过程,围绕工作中的危险因素,以作业班组为团队开展的一项安全教育和训练活动,它是一种群众性的"自主管理"活动,目的是控制作业过程中的危险,预测和预防可能出现的事故[79]。表 4-1 为该项活动的基本属性[80]。

表 4-1 危险预知训练(KYT)活动的基本属性

属　　性	内　　容
KYT 目的	控制作业过程中的危险,预知和预防可能发生的安全事故。防止从主观意识上由于麻痹或忽视安全隐患而造成灾害事故。从灾害事故发生后的对策转变成灾害事故发生前的危险预知和预防
KYT 对象	潜在的危险行为或危险因素
KYT 单元	以班组或作业小组为单位
KYT 原则	预防:将预防放在各项工作的首位,变"事后处理"为"事先预防" 先行:发现问题、隐患立即解决,并建立持续改善的机制 参与:发动员工积极参与现场安全改善,增强自觉意识和能力
适用岗位	相对固定的生产岗位作业;正常的维护检修作业;班组间的组合(交叉)作业;抢修抢险作业

当前危险预知训练已经在各行各业开展了广泛应用。张文宇等将危险预知训练应用于煤矿企业,并通过问卷考察了其对员工心理健康和违章作业的影响,结果表明,危险预知训练能够显著降低矿工违章作业的发生率[81]。Kobe 等应用危险预知训练提高了病患跌倒风险预测的敏感性[82]。刘进清通过对某建筑施工事故进行原因分析后提出采取危险预知训练活动来消除事故隐患,保障现场施工安全[83]。传统的危险预知训练活动主要由四个环节组成(4R,Ring),分别是把握现状、追究本源、确立对策、设定目标。每个环节的内容如表 4-2 所示[84]。

表 4-2　危险预知训练活动的基本步骤

环节名称	具体实施内容	注意事项
把握现状 (1R)	通过集思广益、轮流发言的方式,清楚掌握哪些是潜在的危险因素。组成小组,分别确定 1 名组长和 1 名记录员,小组一般为 5～7 人,以一张以往工作时的图片为示例,组长利用这张图片引导所有组内成员认真思考在这种情况下作业会遇到什么危险	场景需要的是现场的实物图片
追究本源 (2R)	记录员将本组找出的危险因素向大家宣布。全员看着所有找出的危险因素,通过组长的一项项朗读,对所有的危险因素进行再次筛选。经大家讨论,确定最主要的危险因素	不要遗漏任何危险部位
确立对策 (3R)	对危险因素制定相应的对策来防止危险的发生,在既定的时间里,对每个最危险的项目提出 3 项左右的对策。每个组员进行考虑,如何能较好地解决重点危险,确立具体的对策	对策是可实施的、具体的
设定目标 (4R)	从所有对策中,选出对现场确实方便、快捷、可行的对策,而非用长时间或高费用来改善的方案,作为重点实施项目,进行标记,把标记为重点实施项目设为小组的行动目标,并且进行现场确认	现场进行确认

在实际应用中,传统的危险预知训练方法存在以下不足:

(1)KYT 活动只是作为现场安全管理的一个工具,并未形成完整的闭环管理,即不存在反馈调整机制,无法根据对策的实施效果进行下一步工作的调整;活动也没有与生产工艺相结合,所以分析的结果只针对某一具体工作环节,只能"碎片化"应用。

(2)KYT 活动面向的是固定的工作岗位或程序,每次活动前需要准备图片,但图片只能展示静态的画面,一张图片并不能展示整个工作环节的所有危险。如果要展示整个环节,那么需要准备大量图片,这将需要大量的时间来制作完成。况且,按照上述既定的步骤进行训练活动,需要经过两轮的投票决定重点实施项目。整个训练活动需要每天在工作前开展。这些要求对于实际工作是不现实的,现场工作花费大量的时间进行此项工作可能会影响到正常工作效率。

（3）KYT活动面向班组，因此对班组成员的安全素质和参与度等要求高，并未考虑到人员安全水平的差异性，这对于活动的开展是不利的。

尽管危险预知训练活动在实际应用中面临上述问题，但其预知和辨识危险、控制危险的思路具有科学性。因此，本书根据危险预知训练的核心思想，提炼其中的"危险预知"这一关键要素，对危险预知重新定义，并进一步扩充。

4.1.2 危险预知的定义

在对危险预知进行定义前，首先对危险源、隐患、风险等相关概念的含义进行梳理，以期更清晰地指导该项工作。按照对危险源的分类，可以将相关定义分为以下几类，如表4-3所示。

表 4-3 危险源常见定义的梳理

定义介绍	来源
一类危险源	
危险化学品重大危险源：长期地或临时地生产、储存、使用和经营危险化学品，且危险化学品的数量等于或超过临界量的单元	GB 18218—2018[85]
重大危险源：指长期地或者临时地生产、搬运、使用或者储存危险物品，且危险物品的数量等于或超过临界量的单元（包括场所和设施），具体包括：贮罐区（贮罐）、库区（库）、生产场所、压力管道、锅炉、压力容器、煤矿（井工开采）、金属非金属地下矿山、尾矿库	《关于开展重大危险源监督管理工作的指导意见》
重大危险源是指工业活动中危险物质或能量超过临界量的设备、设施或场所	吴宗之[86]
危险源是指具有可能失控的超高能量、危险物质、危险状态的系统、技术、活动、场所等	许铭[87]
二类危险源	
危险源可划分为两类：第一类危险源是指可能发生意外释放而伤害人员和破坏财物的能量、能量载体或有毒、有害、危险物质；第二类危险源是指导致第一类危险源失控，即造成第一类危险源的屏蔽失效的各种因素，如硬件故障、人员失误或环境因素等	钱新明，陈宝智[88]
危险源包括基本型危险源和控制型危险源，基本型危险源的本质是能量或危险物质，而控制型危险源导致了基本型危险源的约束机制失效	赵宏展等[89-90]
三类危险源	
第一类：能量载体或能量源；第二类：（安全设施等）物的故障、物理性环境因素，个体行为失误；第三类：不符合安全的组织因素（组织程序、组织文化、规则、制度等），包含组织人的不安全行为、失误等	田水承等[91-92]

表 4-3(续)

定义介绍	来源
未明确分类	
危险源是有可能造成伤害或者健康损害的内在因素。对工作场所进行危险源识别时,除考虑物理危险源以外,还应考虑人机工程(人机交互)、工作组织、人的心理等因素	国际劳工组织[93]
有可能导致受伤或者疾病的现实的或者潜在的因素来源或者情形,识别时除了物理危险源以外还应该考虑人因、工作方式、适合员工的设计、超出组织控制的因素、组织与操作过程等各种变化、知识与信息方面、社会因素、工作负荷与工作时间、领导力与组织文化等因素	国际标准化组织[94]
对危险源进行了列举,如物理性危险源(如滑溜或不平坦的场地)、化学性危险源(如吸入烟雾、有害气体或尘粒)、生物性危险源(如经接触传染)、社会心理危险源(如工作量过度)	《职业健康安全管理体系要求及使用指南》[95]

与危险源对应的是事故隐患的概念。当前对事故隐患的定义主要分为两种:一种认为隐患不同于危险源,二者是独立的概念;一种认为隐患与危险源相同,二者可以混用。常见的定义如表 4-4 所示。

表 4-4 隐患常见定义的梳理

定义介绍	来源
与"危险源"含义不同	
事故隐患是指生产经营单位违反安全生产法律、法规、规章、标准、规程和安全生产管理制度的规定,或者因其他因素在生产经营活动中存在可能导致事故发生的物的危险状态、人的不安全行为和管理上的缺陷	《安全生产事故隐患排查治理暂行规定》[96]
隐患定义为造成控制危险源安全措施(条件)缺失、低效、失效的违法违规现象或行为,隐患属于安全措施范畴,而危险源是物质(能量)范畴	许铭[87]
与"危险源"含义相同	
隐患、生产过程危险和有害因素、危险源,实质含义都是一样的,英文为hazard,中文称为危险源或者隐患	傅贵等[97]

从以上对危险源和事故隐患的定义分析可以发现,二者既有区别又有联系。在煤矿实际生产中,危险物质和能量源以及承载危险物质或能量的设备设施、装置等都可看成是危险源。通过危险源的辨识,评估其导致事故的风险大小,并据此提出解决措施。而措施如果没有达到预期效果,则产生隐患。因此,本书中提出的危险预知,不是单一的危险源辨识或者隐患排查,是包括了危险源和隐患的识别以及导致其存在的原因分析,以及相应风险大小的评估。

4.1.3　危险预知的方法

根据上述对危险预知的定义可知,构建危险预知的方法须包括危险辨识方法的选取、危险导致风险的等级划分以及对应建立起来的风险评估流程。

4.1.3.1　选取危险辨识方法

企业传统的安全管理所涉及的生产作业岗位安全风险控制,基本上是基于企业自身生产实践经验的总结以及安全操作规程、作业标准等,这种安全控制手段大多以文字叙述为主,员工不易掌握,风险控制效果不好。尽管目前很多企业基于职业健康安全管理体系标准化、安全生产标准化、精细化管理等角度,开展了企业生产作业活动/场所的安全风险和危险辨识,但大多数企业不能系统、全面地进行风险和危险辨识,而且大多数企业过于形式主义。因此企业要实现全面的风险管控,必须进行系统化、全面、准确的风险和危险(危险因素或危害因素)辨识。常用的危险辨识方法如表 4-5 所示。

表 4-5　常用的危险辨识方法

名　　称	适用范围和特点	危险辨识步骤
工作危害分析 (JHA)	主要适用于人员开展的作业活动的风险和危险因素辨识	① 将作业活动按相对独立的原则,逐步细分为具体的工作任务;② 识别每个工作任务存在的风险(可能发生的事故);③ 识别导致风险的具体危险因素(物的不安全状态、人的不安全行为);④ 查找相应的控制措施,根据现有控制措施做出评价,提出相应的改进措施
预先危害分析 (PHA)	主要适用于系统的开发设计阶段,分析辨识安全风险及可能出现的危险因素	① 收集分析系统的资料或类似系统资料;② 通过方案设计、主要工艺和设备的审查,辨识其中的安全风险及危险有害因素;③ 确定消除风险和危险有害因素的控制措施
故障类型和影响分析 (FMEA)	主要适用于对系统的各组成部分、元素的风险和危险因素辨识	① 确定所要分析系统的研究对象,找出系统中的各组成部分和元素;② 分析系统元素的故障类型和产生的原因因素;③ 研究故障类型的影响;④ 汇总分析结果
危险性和可操作性研究(HAZOP)	主要适用于对工艺过程或工艺流程可能导致的偏差进行风险和危险因素的辨识	① 选定工艺过程,选择研究节点,了解设计意图;② 确定工艺要素,研究工艺偏差及后果;③ 分析偏差产生的原因(分析危害因素);④ 分析与记录,并研究确定安全控制措施

表 4-5(续)

名　　称	适用范围和特点	危险辨识步骤
事件树分析 （ETA）	主要适用于从初始事件出发按照逻辑推理事故发生过程中可能存在的各种可能	① 明确所要分析的对象和范围；② 确定可能导致系统故障的初始事件；③ 分析各要素之间的因果关系，并构建事件树；④ 化简事件树并做定量分析
故障树分析 （FTA）	主要适用于从事故出发寻找导致事故的各种事件之间的关系	① 熟悉系统并确定顶上事件（事故）；② 分析并寻找导致顶上事件的各种原因事件；③ 编制事故树；④ 修改并化简事故树，进行定量分析
因果分析 （CCA）	适用于动态分析，主要是将事件树与事故树相结合	① 选取伤害事故作为顶上事件；② 构建因果图（横向建立事件树，纵向建立事故树）；③ 进行定量分析与评价

　　每种辨识方法都存在一定的局限性，都有一定的适用条件和适用范围，危险源辨识过程中不能单纯地使用其中的某一种方法，这样往往不能系统地识别其所存在的危险源，可以综合地运用两种或两种以上方法。本书采用的方法是以工作任务分析法为主，结合询问交谈法、现场观察法、查阅有关记录法的综合方法。

　　工作任务分析法主要通过分析组织成员工作中所涉及的危害，能够辨识出相关的危险源。具体操作过程如下：一般以清单的方式列出本岗位所包含的业务活动、活动场所以及每项业务具体的实施步骤，对照相关的规程、标准和条例，结合实际工作，综合分析人、机、环、管四方面可能会发生的不安全因素，分析工作中存在的或潜在存在的危险源，岗位危险源辨识流程如图 4-1 所示。

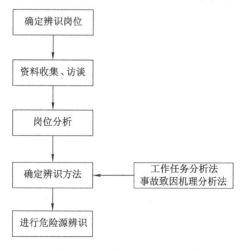

图 4-1　岗位危险辨识流程图

4.1.3.2 划分危险的风险等级

危险源分析和评估的内容主要包含以下三方面内容：① 事故发生的概率，即在一定时间段里，事故发生的可能性，也就是概率大小。② 事故造成的损失，即估计会造成事故的严重程度及发生事故后会造成的损失。③ 确定风险等级，即根据事故的可能性以及事故造成损失程度估计总期望损失的大小。

对于煤矿岗位危险源风险分析和评估较为有效的方法是风险矩阵法，即根据事故发生的概率和预计造成的损失的乘积来衡量风险的大小，其计算公式为：

$$风险值\ R＝事故发生可能性\ P×事故可能造成的损失\ L$$

（1）为客观描述事故的严重程度，根据事故造成的人员伤害或财产损失可将事故损失划分为 6 种类别。

A 类：事故造成多人死亡或直接经济损失达到 500 万元以上；

B 类：事故造成一人死亡或直接经济损失介于 100 万~500 万元；

C 类：事故造成多人严重受伤或直接经济损失介于 4 万~100 万元；

D 类：事故造成一人严重伤害，或直接经济损失介于 1 万~4 万元；

E 类：事故造成一人受伤，需要急救，或多人轻微受伤或直接经济损失介于 2 000 元~1 万元；

F 类：事故造成一人轻微受伤或直接经济损失低于 2 000 元。

（2）根据事故发生的频率，同样可将事故损失划分为 6 种类别。

G 类：一年内可能发生 10 次或者以上；

H 类：一年内可能发生 1 次；

I 类：5 年内可能发生 1 次；

J 类：10 年内可能发生 1 次；

K 类：10 年以上可能发生 1 次；

L 类：估计不会发生。

为便于计算，A~F 类事故依次递减赋值为 6~1；G~L 类事故发生的可能性赋值为 6~10。根据风险矩阵计算风险的方法，以发生事故的可能性和可能造成的损失的乘积来判断风险等级的大小。乘积值在 1~2 之间的为低风险，3~8 之间的为一般风险，9~16 之间的为中等风险，18~25 之间的为重大风险，30~36 之间的为特别重大风险。为更清晰地表达事故发生的可能性、事故可能造成的损失以及相对应的风险等级大小，将以上关系描述为风险矩阵表，如表 4-6 所示。

表 4-6 风险矩阵表

风险矩阵（损失程度与类别）

有效类别	赋值	人员伤害程度及范围	由于伤害估算的损失（元）
A	6	多人死亡	500 万以上
B	5	一人死亡	100 万到 500 万
C	4	多人严重受伤	4 万到 100 万
D	3	一人严重受伤	1 万到 4 万
E	2	一人受到伤害，需要急救；或多人受轻微伤害	2 000 到 1 万
F	1	一人受轻微伤害	0 到 2 000

风险矩阵（发生可能性与类别）

有效类别	赋值	发生的可能性	发生可能性的衡量	发生频率量化（发生频率）
G	6	有时发生	1 年内能发生 10 次或以上	≥10/1 年
H	5	能发生	每年可能发生一次	1/1 年
I	4	可能发生	5 年内可能发生一次	1/5 年
J	3	低可能	10 年内可能发生一次	1/10 年
K	2	很少	10 年以上可能发生一次	1/40 年
L	1	不可能	估计从不发生	1/100 年

风险矩阵

有效类别	赋值	G (6)	H (5)	I (4)	J (3)	K (2)	L (1)
A	6	36	30	24	18	12	6
B	5	30	25	20	15	10	5
C	4	24	20	16	12	8	4
D	3	18	15	12	9	6	3
E	2	12	10	8	6	4	2
F	1	6	5	4	3	2	1

特别重大风险（V级）；重大风险（IV级）；中等风险（III级）；一般风险（II级）；低风险（I级）

风险等级划分

风险值	风险等级	备注
30～36	特别重大风险	V 级
18～25	重大风险	IV 级
9～16	中等风险	III 级
3～8	一般风险	II 级
1～2	低风险	I 级

4.1.3.3 建立危险识别和风险评估流程

工作任务分析法具有操作简单、易于掌握的特点,进行岗位危险源辨识、评估需要进行以下步骤:

第一步,明确煤矿八大事故。煤矿八大事故包括:顶底板事故、瓦斯事故、机电事故、爆破事故、水灾事故、火灾事故、运输事故以及其他事故;

第二步,整理岗位的工作任务和工序,需要把每个岗位的所有的工作任务列出来,同时列出每一个工作任务的具体工序;

第三步,辨识每道工序中的危险源及后果;

第四步,依据风险矩阵表进行风险评估;

第五步,确定风险类型;

第六步,确定可能导致的事故类型。

根据该风险评估流程,按照岗位危险源辨识、评估的步骤得出主要岗位危险源、风险评估结果,为提出煤矿员工行为管控对策奠定基础(图 4-2)。

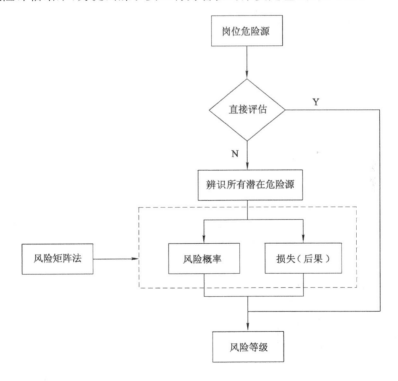

图 4-2 岗位危险源、风险评估流程

4.2 危险预知的实例应用

根据岗位危险源辨识和风险评估流程,本节以城郊煤矿为例,通过现场调研等方式,得到了该矿危险预知的结果。

4.2.1 危险源数量分类统计

根据组织架构和系统功能,将整个城郊煤矿分为通用类、管理类、采煤系统、掘进系统、开拓系统、机电一队、运输队、机电二队、通风队、探防队、巷修一队、服务公司、安装一队、安装二队、机修厂、生产科、机电科、安检科、调度室、培训办、劳资科、企管科、供应科、政工科、保卫科、工会办、行政办等系统。根据4.1节的辨识方法,得到各系统危险源数量,如表4-7所示。

表 4-7　城郊煤矿各系统危险源数量分类统计表

分　类	人	机	环	管	合　计
通用类	190	7	0	15	212
管理类	10	0	0	16	26
采煤系统	450	76	29	5	560
掘进系统	377	98	25	3	503
开拓系统	482	74	28	2	586
机电一队	512	32	15	0	559
运输队	220	58	4	0	282
机电二队	192	7	0	0	199
通风队	187	6	7	0	200
探防队	173	12	0	0	185
巷修一队	153	23	10	2	188
服务公司	424	10	1	6	441
安装一队	182	35	31	14	262
安装二队	264	65	14	0	343
机修厂	243	26	22	57	348
生产科	30	2	3	11	46
机电科	28	0	0	37	65
安检科	11	0	0	14	25

表 4-7(续)

分 类	人	机	环	管	合计
调度室	29	0	0	0	29
培训办	0	0	0	0	0
劳资科	17	0	0	11	28
企管科	0	0	0	0	0
供应科	66	7	3	0	76
政工科	18	0	0	0	18
保卫科	39	7	0	0	46
工会办	57	0	0	0	57
行政办	6	1	1	0	8

4.2.2 风险等级统计

按照风险等级进行分类统计,则城郊煤矿各系统不同风险等级的危险源数量如表 4-8 所示。

表 4-8 城郊煤矿各系统不同风险等级危险源统计表

分 类	特别重大风险等级	重大风险等级	中等风险等级	一般风险等级	低风险等级	合计
通用类	0	14	115	77	6	212
管理类	0	1	7	12	6	26
采煤系统	1	5	111	412	31	560
掘进系统	1	22	148	295	37	503
开拓系统	0	0	9	534	43	586
机电一队	0	15	173	371	0	559
运输队	0	7	166	109	0	282
机电二队	0	0	29	158	12	199
通风队	0	0	29	157	14	200
探防队	0	2	32	144	7	185
巷修一队	0	0	50	138	0	188
安装一队	0	22	115	104	21	262
安装二队	0	4	227	112	0	343

表 4-8(续)

分　类	特别重大风险等级	重大风险等级	中等风险等级	一般风险等级	低风险等级	合计
机修厂	0	3	14	319	12	348
服务公司	0	2	12	318	109	441
生产科	0	0	2	44	0	46
机电科	0	0	4	33	28	65
安检科	0	0	5	18	2	25
调度室	0	0	5	19	5	29
培训办	0	0	0	0	0	0
劳资科	0	0	0	27	1	28
企管科	0	0	0	0	0	0
供应科	1	12	38	21	4	76
政工科	0	0	0	6	12	18
工会办	0	0	0	1	56	57
行政办	0	0	1	7	0	8
保卫科	0	2	6	15	23	46

4.3　本章小结

本章通过对"危险预知训练"来源的分析以及危险源、隐患等相关概念的辨析,根据前述"四位一体"模型的需求,对危险预知进行了重新定义,并对危险预知的流程步骤进行了构建。以城郊煤矿为例,运用危险预知的方法,分析得出城郊煤矿可能出现的危险源共有 5 292 个,其中人员方面的危险源有 4 360 个,机器设备方面的危险源有 546 个,环境方面的危险源有 193 个,管理方面的危险源有 193 个;根据计算得出的风险等级,对风险任务进行梳理,得到以下结果:存在特别重大风险等级的任务 3 项、重大风险等级的任务 111 项、中等风险等级的任务 1 298 项、一般风险等级的任务 3 451 项、低风险等级的任务 429 项。同时,危险预知结果也表明,在预防煤矿岗位危险源、事故以及保证煤矿安全生产的长效机制方面,人的行为能力起主导作用。

第 5 章　安 全 支 持

本章通过对安全支持进行理论分析,阐述了安全文化建设与安全教育培训的关系,明确了安全教育培训既是建设安全文化的有效途径,也是提高个体素质的有力措施。同时分析了安全教育培训的作用机理和构成要素,从而为安全教育培训方案的制定提供了理论依据。

5.1　安全支持的理论基础与实施方法

根据第 3 章建立的"四位一体"模型,安全支持主要包括安全文化、管理体系、个体素质三个方面的建设和提升。其中,安全管理体系主要包括煤矿安全风险预控管理体系和煤矿安全生产标准化管理体系,已在 3.1 节做了具体介绍;第 8 章将详细阐述结合"四位一体"模型构建的相应的管理体系,因此,本章重点讨论安全文化建设和个体素质提升两个方面。

5.1.1　安全文化

切尔诺贝利核事故发生之后,国际原子能机构(International Atomic Energy Agency,IAEA)负责事故调查工作的国际核安全咨询组(International Nuclear Safety Advisory Group,INSAG)首次提出了"安全文化"这一名词,并于 1991 年在"国际核能安全大会:未来的战略"会议上正式界定了安全文化的概念[98],意味着世界范围内安全文化研究的开端。随着研究的深入和发展,不同的机构或学者对安全文化的内涵和维度提出了不同的见解。代表性的观点如表 5-1 所示。

表 5-1　关于安全文化内涵、维度的代表性观点

发表时间	来源	内涵解析
1998	Pidgeon[99]	安全文化是信念、标准、角色、态度以及社会和技术实践的集合,强调应该减少员工、管理者、客户以及公众暴露在危险或有伤害的环境中
2000	Cooper[100]	安全文化通过引导组织成员的注意力和行动,改善员工对安全生产的努力程度

表 5-1(续)

发表时间	来源	内涵解析
2003	Mohamed[101]	安全文化存在于整个组织之中,所有员工在差错预防的过程中都能起到积极作用,并且这种作用应该得到组织的支持
2013	Edwards[102]	安全文化作为组织文化的一部分,能够影响员工的态度和行为,进而影响整个组织的安全和绩效
2004	徐德蜀,邱成[103]	安全文化不仅是组织和个人有关安全的思想、意识、制度等总和,而且是安全行为的综合
2010	冯昊青[104]	安全文化是构成、理解安全行为的知识层面和技术层面的诸多要素的综合
2006	黄吉欣等[105]	安全文化能够影响行为,但并不是行为本身;除了思想和精神,还涵盖物质因素和环境因素
2007	宋学峰等[106]	安全文化是安全生产中得到的精神、物质、行为的总和
2013	罗云[107]	安全文化从个体层面上说是人们规避风险、确保安全和健康的手段,从社会和组织层面上说是实现持续发展而创造的与安全有关财富总和
1991	Cox[108]	将安全文化定义为员工对于企业安全问题的态度、知觉、信念与价值
2000	Varonen[109]	从社会心理学的角度出发,将安全文化定义为个体与群体的价值、态度、观念与行为方面的产物
2003	于广涛等[110]	安全文化是员工的安全观念对安全态度以及生产行为的影响

从表 5-1 可以分析得到,关于安全文化的内涵尚未有明确统一的意见。一部分对安全文化内涵的解析是从文化的内涵出发,认为安全文化不仅包括精神层面,也包括物质层面,涵盖的范围更大;另一部分对安全文化内涵的解析被认为是"狭义"理解,将其定义在思想、精神层面。

5.1.2 安全文化建设与安全教育培训的关系

对于安全文化的定义和内涵,本书不做深入的探讨。从企业运行的实际出发,安全教育培训是建设安全文化的有效途径。李爽等在建立煤矿企业本质安全文化建设流程时,将培训强化作为核心环节,其中包含了安全宣传、安全教育、安全管理三个部分[111]。《企业安全文化建设导则》中指出,企业应建立正式的岗位适任资格评估和培训系统,确保全体员工充分胜任所承担的工作[112]。姜伟对通过培训方法来建设安全文化的效果进行了评估[113]。唐凯等认为安全技术培训和安全文化培训是安全教育培训的两个重要组成部分,也是确保企业安全生产工作的关键要素,并给出了安全文化与安全教育培训的关系模型,如图 5-1 所示[114]。

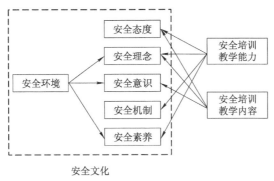

安全文化

图 5-1　安全文化与安全教育培训的关系模型

由上述分析可知,安全教育培训的实施是建设和完善安全文化的主要途径。因此,下文着重对安全教育的机理和构成要素进行分析。

5.1.3　安全教育的机理和构成要素

5.1.3.1　安全教育的机理

分析安全教育的机理,首先应当对教育的相关理论有深入的理解。在总结教育的本质、教育与学习规律的基础上,分析安全教育的机理。

教育是培养人的一种社会活动,它同社会的发展、人的发展有着密切的联系。从广义上说,凡增进人们的知识和技能、影响人们的思想品德的活动,都是教育。狭义的教育,主要指学校教育,其含义是教育者根据一定社会(或阶级)的要求,有目的、有计划、有组织地对受教育者的身心施加影响,把他们培养成为一定社会(或阶级)所需要的人的活动[115]。安全教育可以看成是教育的重要组成部分,其发展规律也符合教育的特性。人对学习的内容会出现遗忘现象,即对以往学习过的知识不再记得,或记得部分内容,或记错部分内容。德国心理学家艾宾浩斯(Ebbinghaus)研究发现,遗忘是有规律的,遗忘的进程也不是均衡的。学习活动的结束,就是遗忘的开始。“遗忘”在学习之后立即开始,在记忆的最初阶段遗忘的速度很快,以后逐渐缓慢。相当长的时间后,几乎就不再遗忘了,这就是遗忘的发展规律[116]。用一曲线来描述上述规律,称作艾宾浩斯遗忘曲线,如图 5-2 所示。

在安全教育活动的过程中,也应该充分利用“艾宾浩斯遗忘曲线”这一规律进行教学的组织。安全教育培训可进行周期设置,对于新的教育内容,在一个学

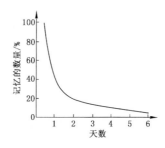

图 5-2　艾宾浩斯遗忘曲线

习周期后重复开展学习,以期对学习的知识进行巩固和加强。根据这一思路,可以得到安全教育的作用机理,如图 5-3 所示。即通过对安全教育的不断重复,让安全教育的受众重新活化安全知识,使之保持在工作要求的界限内,并高于事故界限,从而杜绝或避免事故的发生。

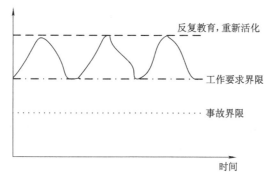

图 5-3　安全教育的作用机理

5.1.3.2　安全教育的构成要素

安全教育的构成要素主要有以下几个方面[117-118]。

(1) 安全教育的对象

教育活动的基本构成要素是教育对象,也就是教育的受众。对于企业的安全教育对象,应该包括生产系统中所有的参与人员,如一线员工、班组长、中层管理人员、领导等。安全教育的成效受到教育对象的学习能力、个性特点、智力水平等因素影响。

(2) 安全教育的目的

对于组织而言,安全教育的目的既有长期的,也有短期的;既有具体的,也有抽象的,主要依据的是组织的动机。如高等教育中对安全工程专业学生的教育,其目的是能够培养具备专门从事安全工程设计、研究、检测、评价、监察和管理等工作能力的复合型工程技术专业人才；对于企业某段时间内多次发生的一类不安全事件，开展事件的分析和预防教育，目的是减少或杜绝此类事件的发生。同一组织不同层次、不同维度、不同性质的安全教育目的可以形成一个体系，受益到安全教育的对象上。

（3）安全教育的内容

安全教育的内容指的是教育对象的学习内容，是安全教育活动的实质载体。具体而言，组织的各种安全教育培训计划、安全教育培训课程、安全教育培养方案，包括各类音视频教材等，均属于安全教育的内容。

（4）安全教育的方法（形式）

根据并运用安全教育内容让教育对象进行学习，达成教育目的，需要依靠一系列的教育方法，因此方法也是安全教育活动的一个要素。安全教育的方法（形式）多种多样，包括课堂培训教育、安全宣传（悬挂宣传画、分发宣传单）、安全报告或讲座、安全知识竞赛等。

（5）安全教育的效果评估

能否达到安全教育的目的，是整个安全教育活动的关键，因此必须对安全教育的效果进行评估。通常以学员的最终考核成绩作为安全教育效果评估的依据，随着教育理论的发展，可以建立安全教育的效果评估体系。安全教育的效果评估体系包括评估指标、评估指标权重、评分计算方法等。安全教育的效果评估为改进和提升培训质量提供了重要依据。

5.1.4　安全支持的实施方法

安全支持主要包括安全文化、管理体系、个体素质三个方面的建设和提升。结合事故致因"2-4"模型可以看出，建设安全文化主要用于解决"安全知识不足、安全意识不强、安全习惯不佳"的问题，提高个体素质主要用于解决"安全心理不佳、安全生理不佳"的问题。从前面分析可以看出，安全教育培训既是建设安全文化的有效途径，也是提高个体素质的有力措施。因此，安全支持所包含的安全文化建设和个体素质提升两个方面均可通过安全教育培训这一途径来具体实施。

5.2　安全支持的应用研究

本节对安全支持的应用研究主要是从安全教育培训的实施来进行说明，具体而言则是从培训管理、培训检查考核、证件管理、培训奖罚来构建安全教育培训体系。

5.2.1 培训管理

（1）培训对象和培训时间

安全生产从业人员每年必须按要求接受相关安全培（再培）训，培训时间以上级规定为准。

① A1 类（企业主要负责人）、B1 类（分管副矿长、总工程师、副总工程师）、B2 类（安全生产管理机构负责人、其他管理人员）人员要根据上级安排必须参加考核或七新培训，确保持有相应培训合格证明。

② 下井带班领导要根据上级要求参加培（再培）训，确保持有相应培训合格证明。

③ 班组长根据公司安排必须接受培（再培）训，并取得相应资格证后方可上岗。

④ 特种作业人员根据公司安排必须接受培（再培）训，培训合格取得相应资格证后方可上岗。每年必须进行不少于 24 学时的日常安全培训。

⑤ 煤矿其他从业人员初次培训不得少于 24 学时；并经考核合格，取得培训合格证明后方可上岗。每年接受一次再培训，时间不得少于 20 学时。

⑥ 职工转岗或重新上岗前，必须按规定接受安全培训，经考核合格，取得培训合格证明后方可上岗。

⑦ 新入矿的井下员工必须按规定接受培训，岗前培训不少于 72 学时，班组实习即导师带徒不少于四个月，并签订师徒合同书，待掌握煤矿安全生产基本常识和一定劳动技能，经考核合格取得相应培训合格证明后方可独立上岗。

⑧ 其他培训，若上级有规定，按规定执行；若无规定，根据实际情况开展培训。

（2）培训形式

采用脱产、半脱产、业余多种形式开展培训。

（3）培训方法

授课教师在传统讲授方法的基础上，要充分利用多媒体技术，采用讲授法、互动法、案例法、研讨法等教学方法开展教学活动。

（4）培训内容

① A1 类、B1 类、B2 类、特种作业人员由上级部门按照相关规定明确培训内容，开展培（再培）训；

② 其他从业人员按照《煤矿安全培训规定》（国家安全生产监督管理总局令第 92 号）等文件要求，结合矿井实际开设课程。

（5）教学管理

① 培训部门依据年(月)度培训计划与安全生产实际情况开展培训。开班前应将培训时间、地点、参加人员等信息以通知形式及时下发,各单位根据通知要求安排相关人员参加培训。

② 对学员采用指纹考勤、点名、签字或不定时抽查等方式进行考勤管理,学员在学习期间要遵守纪律,服从管理。

(6) 教师管理

① 按照上级要求(AQ/T 8011—2016)配备任课教师,适度考虑专业均衡,选聘专业知识渊博、具有丰富现场经验、传授知识能力较强的专业技术人员或管理人员担任教师。

② 教师要熟悉培训内容,服从培训部门的课程安排,在教学过程中应遵循教学规律,不断改进教学方法,努力提高教学质量。教师应根据教学大纲要求制订授课计划,编写完整的教案,尽可能采用多媒体教学,提高学员学习的积极性,使学员能全面、准确地理解和掌握煤矿安全生产技能。

③ 强化师资队伍管理,根据需要,应分期分批安排教师参加知识更新培训,提升教师业务能力和教学水平。

(7) 实操培训

根据《永城煤电控股集团有限公司岗位工种实操培训管理考核办法》的要求,结合城郊煤矿的实际情况,开展各类实操培训,按照《城郊煤矿岗位工种实操培训管理考核办法》执行。

(8) 效果检验

培训结束后,要进行培训效果检验,具体按照《关于开展全省煤矿安全培训机构评教评学工作的指导意见》开展评教评学活动。

(9) 培训档案

① 要建立健全培训档案资料和“一人一档”电子档案,如实记录培训信息。

② 培训档案至少包括:培训计划(通知)、考勤、课程讲义、综合考评报告等,按要求归档。

③ 要建立培训档案管理室和档案管理办法,满足矿井培训资料存档、查阅、保管等需要。

5.2.2　培训检查考核

(1) 安全培训工资

将区队月度工资总额的 10% 作为安全培训工资,与本单位的安全培训考核结果挂钩,采取“月度考核、对标排序、当月兑现”的形式。各区队结合实际自主管理进行合理分配,制定本区队具有可操作性的安全培训工资分配办法。

每月对各单位考核一次,培训考核结果应用到月度培训奖罚中,经矿长审批后兑现。

(2)考核计算方式

区队考核实行百分制,评分按照《城郊煤矿员工安全生产教育与培训考核评分细则》打分。培训考核项目分为基础要求、重点工作、安全效果三部分;其中基础要求和重点工作占总分的50%,安全培训效果中 B2 类、特种作业、班组长、其他从业人员等各类考试成绩占总分的 50%[B2 类成绩 20%(B2 类考核考试平均成绩×0.1+安全生产管理人员抽考平均成绩×0.1)+特种作业成绩 10%(单位平均成绩×0.1)+班组长成绩 10%(单位平均成绩×0.1)+其他从业人员成绩 10%(单位平均成绩×0.1)],当月 B2 类人员、特种作业、班组长、其他从业人员等各单项没有成绩的单位取各单项总平均成绩;当月 B2 类、特种作业、班组长、其他从业人员等均无考试的,各单项成绩按 90 分计算。

(3)考核等级划分

根据区队从事专业性质不同,各组考核分数等级划分如下:

① 采煤组:A 等级,得分≥95;B 等级,95>得分≥92;C 等级,92>得分≥88;D 等级,88>得分≥80;E 等级,80>得分。

② 开拓综掘组:A 等级,得分≥95;B 等级,95>得分≥92;C 等级,92>得分≥88;D 等级,88>得分≥80;E 等级,80>得分。

③ 辅助组:A 等级,得分≥95;B 等级,95>得分≥92;C 等级,92>得分≥88;D 等级,88>得分≥80;E 等级,80>得分。

④ 地面组:A 等级,得分≥95;B 等级,95>得分≥92;C 等级,92>得分≥88;D 等级,88>得分≥80;E 等级,80>得分。

(4)奖浮比例

培训工资根据考核等级按照 10%~-10%的比例进行浮动。其浮动比例与考核等级对应关系为:A,10%;B,5%;C,0%;D,-5%;E,-10%。

(5)培训信息录入

培训办每月 10 日前将考核得分及浮动系数录入精益管理信息系统"培训考核"模块中,劳资科按照培训工资浮动比例进行考核兑现,并对培训工资进行二次分配管理。

(6)区队自主培训

① 区队要结合本单位实际制定本单位培训管理制度,制订月度培训计划,安排专人负责培训管理工作,合理安排培训课程,利用学习日开展自主培训。职工应做好培训记录。

② 培训办不定期对区队培训开展情况进行监督指导、抽查提问。

③ 区队应建立完整的自主培训资料:培训计划、学员点名册、教案、试卷、考场记录、成绩单,每季度汇总一次。

(7) 培训要求

矿内各单位负责人要重视培训工作,指导本单位建立培训制度和培训计划,监督实施过程,将培训考核结果与奖罚制度紧密挂钩。

5.2.3 证件管理

(1) 总体要求

加强从业人员的证件管理工作,确保从业人员 100% 持证上岗。

(2) 证件种类

证件包括:A1 类人员、B1 类人员、B2 类人员、煤矿井下带班领导的安全生产知识和管理能力考核合格证,班组长培训合格证明,特种作业操作证,其他从业人员培训合格证明,职业卫生培训合格证明等。

(3) 特种作业工种范围

根据《特种作业人员安全技术培训考核管理规定》(国家安全生产监督管理总局令第 30 号)、《国家质量监督检验检疫总局关于修改〈特种设备作业人员监督管理办法〉的决定》(国家质量监督检验检疫总局令第 140 号)和《特种设备作业人员作业种类与项目》(国家质量监督检验检疫总局 2021 年第 95 号),结合试点矿山的实际情况,梳理出特种作业的工种如下:

① 煤矿井下特种作业工种:

a. 煤矿井下电气作业;

b. 煤矿井下爆破作业;

c. 煤矿安全监测监控作业;

d. 煤矿瓦斯检查作业;

e. 煤矿安全检查作业;

f. 煤矿提升机操作作业;

g. 煤矿采煤机(掘进机)操作作业;

h. 煤矿瓦斯抽采作业;

i. 煤矿防突作业;

j. 煤矿探放水作业。

② 非煤矿井下特种作业工种:

a. 高压电工作业;

b. 低压电工作业;

c. 熔化焊接与热切割作业;

d. 防爆电气作业;

e. 高处安装、维护、拆除作业;

f. 登高架设作业;

g. 制冷与空调设备运行操作作业;

h. 制冷与空调设备安装修理作业。

③ 特种设备作业:

a. 场内专用机动车辆作业;

b. 起重机械作业;

c. 锅炉作业;

d. 特种设备安全管理。

(4) 证件的考核与办理

① A1 类人员、B1 类人员、煤矿井下带班领导、B2 类人员必须经指定的安全培训机构培训或考核,经考核合格后取得安全生产知识和管理能力考核合格证。

② 特种作业人员、班组长必须按要求进行培训,经考核合格后取得培训合格证明方可上岗。

③ 其他从业人员必须经企业安全培训部门培训,经考核合格后取得培训合格证明方可上岗。

④ 新上岗的井下作业人员必须经过 72 学时培训考核合格后,取得安全培训合格证明后方可上岗。

(5) 证件材料报送

各单位要结合全年生产计划统筹考虑证件是否能满足生产需要。每月 14 号前无论有无新增作业人员,各区队必须向矿培训办报书面材料,说明有无培(再培)训需求。培训办根据各单位培训申请,向永煤公司职工培训学校申请开设培(再培)训班。逾期不报书面材料的,对本单位党政负责人、培训管理员各罚款 200 元,纳入月度培训考核,并承担因此而产生的一切后果。

(6) 证件管理归属

① A1 类人员证件由矿行政办公室管理。

② B1 类人员证件、煤矿井下带班领导证件、B2 类培训合格证件、特种作业操作证件、班组长培训合格证件、职业卫生培训合格证件的原件由培训部门统一管理;副证由培训办统一办理,由本人负责保管。其他从业人员培训合格证由本人负责保管。

(7) 证件的培训要求

① A1 类人员、B1 类人员、煤矿井下带班领导、B2 类人员、班组长要按要求

参加考核或重新培训。

② 特种作业操作证分三类：一类是煤矿特种作业操作证，每 6 年换证，每年参加日常培训；二类是非煤特种作业操作证，有效期为 6 年，3 年复审一次，逾期不参加复审或复审不合格者证书作废；三类是特种设备作业操作证，有效期 4 年，4 年复审一次。

③ 其他从业人员培训合格证明。每年再培训一次，每年不参加再培训或再培训考试不合格者合格证明作废。

（8）无效证件

从业人员有下列情形之一的属无效证件，并按无证上岗处理：

① 无证人员，未取得任何有效证件的；

② 转借、转让、私自办理、冒用他人证件的；

③ 证件期满或未按时复审的；

④ 培训考核不合格，经补考仍不合格的；

⑤ 新上岗的井下作业人员入矿四个月实习期满，未办理任何证件的；

⑥ 随意安排或调整工作岗位，造成岗证不匹配的；

⑦ 从业期间造成责任事故，未通过复审的；

⑧ 违章操作造成严重后果或 2 年内违章操作记录达 3 次以上且未通过复审的；

⑨ 其他认定为无证上岗情形的，由矿安全生产委员会认定。

（9）持证要求

① B2 类人员、班组长、特种作业人员、其他从业人员，必须持有城郊煤矿安全培训中心发放的培训合格证明或证件（副证）上岗，并随身携带。

② 从业人员一人多岗的，按照"干什么活，持什么证"的原则，岗证匹配，否则按无证上岗处理。

（10）煤矿井下从业人员工作（转岗）调动

① 因工作需要在矿内调动的，由劳资科、党委组织部将调动人员名单报培训办，工种不变的，培训办审核证件合格后可以从事原工种工作；工种变动或工种不变但离岗一年（特种作业半年）及以上的，由培训办组织转岗人员进行培训，培训合格取得相应证件后，方可从事相应岗位工作，未经培训合格，不得上岗作业；

② 各单位对特种作业人员不得随意调整；确需调整的，应提前向培训部门报送培训计划，培训合格取得有效证件后方可调换岗位；

③ 调入本单位的人员，上岗前，用人单位将持证情况报培训办核查；属于有效证件的，原件由培训办统一管理；属于无效证件的，不准上岗，由用人单位报送

培训计划,培训合格取得有效证件后方可上岗;

④ 调出本单位的人员,需由劳资科出具证明,管理人员需由有政工科出具证明,方可到培训办领取原证。

(11) 责任划分

① 安全管理人员、班组长、特种作业人员、其他从业人员(转岗人员)每月由各单位报送培训计划(纸质版、队长签字、加盖单位公章),未按时报送计划的,由所在单位承担责任;

② 每月培(再培)训计划,未按时上报永煤公司职工培训学校,未安排培(再培)训的,由培训部门承担责任;

③ 新上岗的井下作业人员入职岗前培训经考核合格,由培训部门负责办理培训合格证明,未办理培训合格证明的,由培训部门承担责任;实习4个月期满未办理有效证件的,由职工所在单位承担责任;

④ 因调整作业岗位造成岗证不符的,由所在单位承担责任;

⑤ 因工作需要区队之间借调的,由用人单位对借用人员进行持证核实并记录持证台账,保证岗证相符,否则,由用人单位承担责任。如需培(再培)训,由用人单位负责报送计划,否则由用人单位承担责任。

(12) 处理规定

凡发现无证上岗、岗证不匹配、持假证者,按以下规定处理:

① 无证上岗者或岗证不匹配者,对责任人按严重"三违"处理,按城郊煤矿安全奖惩制度执行,另外对党政负责人各罚款200元(培训费);

② 持假证件者,对责任人按严重"三违"处理,按城郊煤矿安全奖惩制度执行,另对党政负责人各罚款100元(培训费);

③ 从业人员未随身携带有效证件的,对责任人按一般"三违"处理,并罚款100元(培训费);

④ 各工种证件名称应与上级规定一致,若有变动者,在限期时间内及时更新,否则,对培训办责任人罚款300元/人次(培训费);

⑤ 各单位要把每月公布的作废证件按时上交,否则,煤矿自查出的,对本人罚款200元/证件,对培训管理员罚款100元/证件;被上级部门查出的,对本人罚款500元/证件,对责任单位培训管理员、党政负责人各罚款300元/证件,培训办因管理不到位对责任人罚款200元/证件;

⑥ 证件丢失的,罚责任人50元/次,并到培训部门补办、登记,补证后找到旧证未及时上交,在检查中被发现的,对本人罚款200元;

⑦ 任何单位和个人不得私自补办、制作证件副本,否则,对单位党政负责人各罚款500元/证件,对责任人罚款1 000元/证件。

（13）持证台账

各基层单位要建立持证台账,做好日常管理和更新,每月开展持证情况自查,自查结果按要求报送培训办,未按要求开展自查的,对培训管理员罚款 50 元,并纳入月度考核。

（14）证件检查

培训办、安检科不定期进行持证上岗检查,根据检查记录、台账签名情况,核对人员持证信息,发现问题在会上进行通报,并按规定进行处罚。

5.2.4 培训奖罚

（1）安全管理人员考核与培训

① B2 类人员七新、职业卫生培训:

安全生产管理人员七新考试取整数值,本人成绩高于 90 分的奖励 50 元/分,本人成绩低于 90 分的罚 50 元/分;本人成绩等于 90 分的不奖不罚。考试成绩以永煤公司职工培训学校反馈信息为准。

职业卫生考试成绩初考不及格罚责任人 200 元,补考不及格罚责任人 500 元,并纳入干部作风及管理效能对标排序考核。考试成绩以永煤公司职工培训学校反馈信息为准。

② B2 类人员考核:考核成绩取整数值,本人成绩高于 90 分的奖励 50 元/分,本人成绩低于 90 分的罚 25 元/分;本人成绩等于 90 分的不奖不罚。考试成绩以永煤公司职工培训学校反馈信息为准。初考未通过者,按考核成绩对学习期间工资进行浮动,对本人罚款 500 元、所属单位党政负责人各罚款 300 元。补考未及格的,责令本人停工学习,并罚款 1 000 元,对所属党政负责人各罚款 800 元。对于补考未通过人员自河南省煤炭工业管理办公室通报下发之日起对其停职;并在 3 日内由人事劳动部门出具岗位调整文件、责任追究书面等报告,并在矿内进行通报。

③ 对已经报名参加考试的 B2 类人员自考试前 15 天开始,由本单位组织自学和进行模拟考试练习,并连续 5 天将每日模拟考试成绩截图发培训办安管负责人处;考试前 10 天到培训办机房室进行模拟闭卷测试。测试成绩达不到 90 分及以上人员将进行脱产学习,脱产学习期间不得请假、旷课、迟到、早退(特殊情况需请假的必须经分管矿领导、安全矿长审批),学习期间的工资由各单位进行二次分配;学习期间由培训办负责考勤,考试前 3 天仍达不到 90 分者,将不予安排考试。

④ 在培训办模拟考试成绩达到 90 分以上人员应将每日模拟成绩截图发培训办安管负责人处,否则将罚款 100 元/天,并在早会进行通报。

⑤ 对于已经报名、审核通过的安全管理人员,因个人原因不能参加考试者,需出示书面材料说明原因;如因职务调整等不能参加考试者,由所在单位提前写出书面报告,并由培训办报至永煤公司职工培训学校;对于已经参加过第一次考试未通过,又不愿意参加补考的人员,由所在单位自考试成绩公布 10 日内写出书面报告至矿培训办,由培训办上报永煤公司职工培训学校,并按补考不及格调整其岗位。

(2)特种作业、班组长培(再培)训

特种作业、班组长培(再培)训考试,成绩高于 90 分的奖励 30 元/分,成绩低于 90 分的罚 15 元/分,成绩等于 90 分的不奖不罚。考试成绩以永煤公司职工培训学校反馈信息为准。

(3)职业卫生培(再培)训

班组长参加公司职业卫生培(再培)训,初考不及格的,罚责任人 100 元,补考不及格的,罚责任人 200 元,直到取得有效合格证明后方可上岗。

(4)优秀学员/教师月度奖励

月度被评选为优秀学员的,给予 200 元/次奖励,月度被评选为优秀老师的,给予 300 元/次奖励,以永煤公司职工培训学校反馈信息为准。其他从业人员每月结合学员培训期间综合表现,从各工种中选取一名成绩好、综合评价最好的学员作为优秀学员,奖励 100 元。

(5)专业证书奖励

鼓励职工积极参加有利于矿井安全生产的各类资质培训,培训合格后取得相应资格证书,根据上级规定按照比例给予报销。

(6)优秀学员/教师年度奖励

在公司年度考核评价中获得优秀教师、优秀教育工作者的奖励 1 000 元/人,在矿井年度考核评价中获得优秀教师、优秀教育工作者的奖励 800 元/人。

(7)培训创新奖励

为鼓励各单位积极推进培训创新,对在员工培训方面开发新课题、提出新思路的,视报送项目情况给予考核加分奖励。

(8)资质证书奖励

参加国家、省、公司统一组织的职业技能鉴定考核或职业水平评价(等级认定)考核通过的,执行奖励标准如下:初级工(五级)奖励 200 元、中级工(四级)奖励 500 元、高级工(三级)奖励 1 000 元、技师(二级)奖励 3 000 元、高级技师(一级)奖励 6 000 元。

(9)培训管理员奖励

根据月度考核结果,按考核等级对培训管理员给予 A 档 600 元、B 档 400

元、C 档 200 元、D 档 100 元奖励；E 档不予奖励；科室根据工作量大小，给予培训管理员 200～600 元奖励。

（10）检查抽考

① 在公司"逢查必考"考试中，成绩在本部矿井排名第一名时：a. 本人成绩高于或等于本单位平均分奖励 1 000 元，低于平均分奖励 800 元；排名第二名时，本人成绩高于或等于平均分奖励 800 元，低于平均分奖励 500 元；排名在第三名及以下时，本人成绩高于或等于平均分每人每分奖励 100 元，低于平均分每人每分处罚 100 元。b. 所有考试不及格人员，不参与以上奖励，并在早调度会上进行通报。考试成绩以永煤公司职工培训学校反馈信息为准。

② 对需参加公司及上级部门检查抽考的人员，无故不参加考试的，罚款 500元。

③ 各单位参加各级抽考的人员成绩纳入本单位培训考核，考核取本单位应参加考试人员的平均成绩，缺考人员成绩记零分，请假外出人员不计入成绩（以假条为准）。

（11）抽查奖励

上级部门或领导在矿检查中，抽查提问回答较好的奖励 100 元/人，回答不合格的罚款 100 元/人。上级部门通报问题或被追究责任的罚款 100～200元/条。

（12）考试惩戒

在公司及矿各类学习及考试中，出现旷课、违纪等现象的，落实到相关人员责任，对违纪人员罚款 200 元/次，并纳入当月培训考核，情节严重的，给予 300～500 元/次罚款，对培训管理员罚款 100～300 元/次，对党政负责人各罚款 100～200 元/次。

（13）请假规定

"三项人员"参加培（再培）训期间，不准请假，因特殊情况需请假者，必须经部门领导、系统分管领导、安全矿长批准，请假后学时达不到要求的取消当月考试资格。对培训期间迟到、早退、旷课的职工罚款 200 元，学时达不到要求的取消本次取证资格。

（14）安全管理人员惩戒

矿井组织安全管理人员上机考试时，因巡考、监考不认真，不履行监考职责，泄露试题，机考负责人失职，分别对相关责任人罚款 500 元。

（15）补考规定

特种作业人员培（再培）训补考不及格者，按 92 号令执行。特种作业人员初考因特殊情况请假，补考及格的不予处罚。

（16）教师授课管理

① 授课教师旷课，对教师所在单位党政负责人各罚款 300 元/次，对培训管理员罚款 200 元/次，对授课教师本人罚款 500 元/次。

② 授课教师责任心不强，备课不充分，影响教学质量的，对授课教师罚款 200 元。

5.3 本章小结

本章通过对安全支持进行理论分析得出，安全教育培训既是建设安全文化的有效途径，也是提高个体素质的有力措施。在此基础上，从培训管理、培训检查考核、证件管理、培训奖罚四个方面构建了安全教育培训体系。

第6章 安全控制

根据第3章建立的"四位一体"模型,安全控制主要分为安全站位和安全确认。本章分别对安全站位和安全确认的含义进行了解释,分析了两者的作用原理,并提出了具体实施步骤。以城郊煤矿为例,结合理论分析,制定了相应的安全站位措施和安全确认标准。

6.1 安全站位

6.1.1 安全站位的理论基础

6.1.1.1 不安全位置

美国杜邦公司通过超过10年时间的数据研究发现,有96%的事故是由人的不安全行为造成的,其中由于人员位置造成的事故占到30%,如表6-1所示[119]。

表6-1 事故伤害的原因分类

事故的原因		占所有事故的比例
不安全行为	个人防护装备	12%
	人员的位置	30%
	工具和设备	28%
	程序	12%
	人员的反应	14%
不安全状态		4%

如果将不安全行为加以干预,就能在很大程度上减少或者避免伤害和事故的发生等[120]。据此思路,杜邦公司提出将基于观察的安全训练观察法(STOP,Safety Training Observation Program)作为行为矫正方案,对不安全行为进行管理。STOP包括决定、停止、观察、行动和报告等五个环节。

(1)决定:观察员需要确定被观察的区域和人员,被观察的区域重点考虑高危险作业区域、隐患较多区域、有交叉作业的区域等;被观察的人员重点考虑新进员工、压力较大的员工、有不安全行为史的员工等。

（2）停止：观察员在确保自身安全的前提下，停下来进行观察，观察时要认真投入，必要时调整自己的位置，全方位对被观察员工进行观察。

（3）观察：在进行观察活动时，对表6-2所示项目和具体内容进行观察[121]。

表6-2　观察项目和具体内容

序号	观察项目	具体内容
1	人员自身情况	身体状况，精神状况
2	人员的反应	改变位置，改变工具，改变姿势，调整装备，改变工作
3	人员的防护用品	头部，脸部，眼部，耳部，躯干，手部，手臂，腿部，脚部
4	人员的位置	碰撞到物体，被物体砸到、夹到，在狭小空间内，易吸入有毒有害气体处，接触电流处，高低温处，高处坠落
5	人机功效	重复的动作，固定的姿势，过度负荷，亮度，噪音
6	人员的工具及设备	使用不当的工具或设备，不正确地使用工具或设备，工具或设备不良
7	制度	未遵守制度，未理解制度，未能获取制度

（4）行动：在行为观察完之后，需要进行行为干预，即采取相应措施。措施分为两种，一种是针对安全行为，需要进行肯定并进行强化；另一种是针对不安全行为，观察员采取纠正行动，通过双方沟通，查找并分析出现不安全行为的原因，将其逐步转变为安全行为。

（5）报告：对此次活动进行记录，填写相关的记录卡。

从以上介绍可以发现，STOP法中重点考虑了人员的位置导致事故的原因以及对应的解决方法。现有一些研究也越来越重视这一点。郭红领等将工人的不安全行为分为"接近危险源""安全用品使用不当"和"违章操作"三类。其中，"接近危险源"指的是人员位置与危险源太近，可能导致事故[122]。李书全等在研究不安全行为关系时，把作业处于不安全位置划为不安全作业行为的范畴[123]。煤矿井下的生产环境复杂，空间狭小，人员位置不当造成的伤害问题更加突出。孙建华等应用STOP行为观察法对井下打眼爆破工种进行了行为安全管理，结果表明，该方法减少了打眼爆破工在作业位置类别方面不安全行为的发生[124]。

6.1.1.2　安全站位的原则

根据以上分析，员工的位置是不安全行为重要的表征。因此，安全站位的原则是通过危险识别和分析，采取措施对人员位置进行管理，确保被管理人员的站位在安全范围内，并且被管理人员的站位未对本作业区域其他人员的正常和安全工作产生负面影响,其原则如图 6-1 所示。

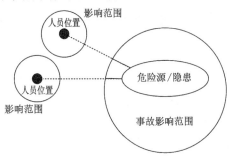

图 6-1　安全站位原则

结合实际生产中发生的"零碎"事故,安全站位对于人员位置需要考虑以下几个方面:

（1）点位或区域

找到作业范围存在的风险,并识别出相对风险较小的点或区域,以适应当前作业活动。在抢险、维修、整改等现场都要求划出警示区域,也是一个判断区域风险的过程。

（2）方向

判断危险来自的方向和可能危害的方向,以及自己停留或移动的方向是否与其相重叠。比如物体坠落和倾倒路径范围,有毒物质扩散方向等。自己是否站在了作业点的上风向,是否避开了打开作业可能的喷出物的冲击方向,是否站在工具可能打滑飞出的方向。万一发生意外事件,是否有撤离的方向和路线。

（3）距离

在众多的国标、行标、企业安全标准中,有大量有关距离的规定,例如:场站设计的防火安全距离规定,管道保护的安全距离要求等。这些数据多是安全与效能综合评价的结果。足够的防护距离,是保障安全的有力手段之一。

（4）姿态

错误的姿态将会造成自我伤害,或使外部伤害加重,如身体探出护栏作业,偏离人体重心的作业,不正确的搬运姿势或超负荷的作业等。这样可能会对作业者带来两方面的伤害:一是急性伤害,发生摔伤,扭伤,碰伤等。二是长期慢性伤害,如腰椎脊椎变形,受损。

（5）时效

合适的时间,合适的地点,做合适的事。随着周边环境的变化,作业过程进度的不同,有的风险是持续的,有的是暂时的。相对的安全点位也是有时效性的,若不分场合,都采用相同的站位,将会使自己置于高危状态。

6.1.1.3 安全站位的实施步骤

结合 STOP 法的实施步骤,可建立安全站位的实施步骤。考虑到井下作业人员所进行的工作不同,其作业环境不同,由此带来的风险或隐患也不尽相同,将井下高风险和容易出现隐患的复杂工作称为特殊施工。首先,将特殊施工进行分类;其次,针对不同的施工,分别进行观察,总结观察的结果,并判断分析哪些是安全的站位、哪些是不安全的站位;最后,对于安全的站位,进行强化并形成对应的岗位施工站位标准,对于不安全的站位进行改正,重新明确新的位置,确认效果并强化后形成对应的岗位施工站位标准。图 6-2 为安全站位实施流程图。

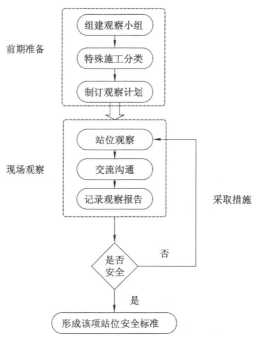

图 6-2 安全站位实施流程图

6.1.2 安全站位的应用

根据安全站位的实施流程,选取试点煤矿企业对特殊施工进行分类,并分别进行观察,分析归纳后采取相应措施,形成对应的安全站位标准。

6.1.2.1 煤矿特殊施工分类

考虑到煤矿作业人员作业场所不同,将特殊施工分为十大类,分别对每一类施工在作业时出现的问题进行分析,制定相应的站位标准。这十大类特殊施工分别是：采煤工作面作业，掘进工作面作业，开拓工作面作业，设备安装、回撤、维护作业，运输作业，钻孔施工作业，通风设施维护、瓦斯检查、爆破作业，起吊托运大件作业，地面作业，其他作业。

6.1.2.2　安全站位措施制定

以城郊煤矿为例，根据各作业场所作业人员易出现的不安全动作，制定相应的站位管理措施。其中采煤工作面作业站位措施 22 条，掘进工作面作业站位措施 16 条，开拓工作面作业站位措施 21 条，设备安装、回撤、维护作业站位措施 9 条，运输作业站位措施 27 条，钻孔施工作业站位措施 12 条，通风设施维护、瓦斯检查、爆破作业站位措施 23 条，起吊托运大件作业站位措施 3 条，地面作业站位措施 13 条，其他作业站位措施 26 条。相应的内容如表 6-3 至表 6-12 所示。

表 6-3　采煤工作面作业站位措施

序号	措　　施
1	拆除锚索托盘、锚杆托盘、钢带、锚索梁等巷道顶部支护材料时，身体应处于支护材料及工具下落的范围以外，严禁其他人员及作业人员身体任何部位（必要时除手以外）处于支护材料或工具下落范围内
2	采煤机割煤时，人员应站在滚筒前后 3 架范围以外操作（15°以下时可以站在机身后操作，15°以上或仰采时不得站在机身后方操作），严禁站在采煤机滚筒甩矸、机身滑矸或运输机窜矸的范围内
3	采煤机割煤至距两端头 5 m 位置时，端头处及前后 5 m 范围内除设备司机及监护人以外的其他人员应提前撤出
4	拉移支架时，应站在当前架顶梁下上底座，侧向煤壁操作，严禁站在推拉杆、下底座、架间或背对煤壁操作
5	推溜时，所有人员应撤至人行道侧，站在支架底座等安全地点，严禁站或坐在推拉杆上、运输机上或煤壁侧
6	打单体液压支柱调架，人员应撤至单体柱 5 m 以外及三用阀侧面的安全地点供液，严禁人员站在单体柱 5 m 范围以内或正对三用阀方向供液
7	拉移转载机时，人员应撤至破碎机后或转载机头以外，严禁站在破碎机与转载机头之间；拉移胶带尾时，除操作人员以外的其他人员应撤至破碎机后或老桩以外，严禁站在破碎机至老桩之间
8	综采回撤面回棚时，严禁人员站在回撤棚梁下放棚
9	刮板输送机、带式输送机运行时，人员应在设备上无煤矸时快速通过机头前方，严禁在机头正前方停留
10	综采工作面转载机运行期间，严禁任何人员在破碎机入口处站立、停留或作业
11	采煤工作面爆破，无关人员应撤离至警戒线以外，爆破警戒线内不得有任何人员

表 6-3(续)

序号	措　施
12	两巷架棚、回棚时,人员应站在钢梁两侧用手托住钢梁下部,严禁站在钢梁下方或用手抓住钢梁端头作业;严禁站在转载机无上封板的侧帮上或站在刮板输送机、转载机和带式输送机运行(超前距离 40 m 时)部位进行作业;调整金属顶梁、支设支柱时,其下方 5 m 范围内严禁有人经过或逗留
13	抬运钢梁、单体支柱或风水管路时,要同肩抬运,两组前后间隔 5 m 以上,严禁用手抓住钢梁、单体支柱或风水管路的端头或手放在上部
14	单体支柱缸体或活柱变形,造成柱头与钢梁咬合部位在放液后活柱不能回缩时,操作人员应站在当前单体支柱棚梁侧边不小于 1 m 的位置,使用专用工具先由轻而重的敲击柱头,使其脱离钢梁槽口,严禁操作人员站在单体支柱倾倒方向,并保证退路畅通
15	使用专用工具撬动单体支柱活柱时,操作人员要将手臂伸出,抓牢抓稳专用工具,两手与专用工具施力方向不得与身体的其他部位相交,或双手用力方向与身体所在方位相反(相对支点),防止撬动单体支柱时支点打滑或单体支柱突然落下造成专用工具(或身体)失去重心后伤及人身。身体所在位置不得正对专用工具的端部,防止误操作或专用工具受力后,身体被专用工具的端部顶伤
16	工作面收尾期间,首次联网时作业人员需进入煤墙侧作业,施工前采煤机和刮板输送机必须停电闭锁,并设专人看守
17	采煤机检修或更换截齿期间,采煤机、运输机必须停电闭锁,人员严禁站在滚筒与煤壁之间作业
18	工作面处理冒顶期间,人员应站在冒顶部位的上侧作业,严禁站在斜坡的下侧
19	扩帮、拉底后人员向转载机或带式输送机内擩煤时,另一侧前后各 3 m 范围内不得有人作业或停留
20	工作面两端头打眼放炮强制放顶时,操作人员站位严禁超过支架放顶线
21	缩拔加长节升降柱时,手应离开大立柱明柱及卡块,严禁手触碰大立柱明柱及卡块
22	打单体液压支柱掐接链条、调架时,人员应撤至单体柱 3 m 以外的安全地点供液,严禁人员站在单体柱 3 m 范围以内供液

表 6-4　掘进工作面作业站位措施

序号	措　施
1	安装或拆除锚索托盘、锚杆托盘、钢带、锚索梁等巷道顶部支护材料时,应面向工作面,身体应处于支护材料及工具下落的范围以外,严禁其他人员及作业人员身体任何部位(必要时除手以外)处于支护材料或工具下落范围内
2	刮板输送机、带式输送机运行时,人员应在设备上无煤矸时快速通过机头前方,严禁在机头正前方停留

表 6-4(续)

序号	措 施
3	掘进工作面爆破、贯通时,所有人员应撤离至警戒线以外,爆破、贯通警戒线内不得有任何人员
4	综掘机割煤、出煤时,除司机、副司机和拖电缆人员外,其他人员应撤离至桥式转载架以外,严禁无关人员长时间滞留综掘机运行范围内。综掘机二运下方严禁人员通过,二运及跑道运行时人员站位必须保持至少半米的距离,严禁倚靠二运、胶带架和跑道
5	掘进工作面拉机尾时,人员应站在钢丝绳或链条可能波及以外的安全地点,严禁站在胶带尾与综掘机之间
6	对顶帮进行支护或其他作业时,人员应站在顶帮支护良好、无片帮掉矸危险、后路畅通的安全地点作业,严禁在后路不畅通处、无有效支护的煤帮及顶板下作业
7	打注上部帮锚时,应使用梯子、木板等配合搭设平台,防止因断钎致人员摔伤等事故。作业人员应站在风煤钻后操作,严禁在两侧推顶风煤钻,防止断钎伤人
8	使用风镐更换风镐尖时,应将风镐尖朝下进行拆卸、安装,严禁风镐尖朝向他人或自己
9	对锚索加压、剪截时,操作人员应先将锚索截具挂钩挂到顶板金属网上,作业人员应站在锚索条、千斤顶及截具垂直下落地点下方,防止机具掉落或者锚索头崩出伤人
10	清煤、清矸作业应在静态情况下进行。设备运转时,作业人员应时刻观察有无大煤块、大矸块,特别在转载点位置,以防止煤矸块掉落伤人。无论设备是否运转,作业人员严禁接触转动部位。后巷硐室人工出煤、矸时,应站在转动部位转动反方向 1 m 外进行装煤矸作业
11	进行前探梁临时支护时,作业人员手严禁放在吊环内;压前探梁时,应用双手抓住前探梁,向下拉前探梁以背实顶板,严禁将除了手以外的部位压在前探梁上
12	利用综掘机机载临时支护装置进行临时支护时,作业人员严禁站在侧护板下方,防止展开侧护板时煤矸石下落伤人
13	升降机机载临时支护时,除掘进机司机以外的其他作业人员,撤离至掘进机后方 2 m 范围外;在机载临时支护下方作业或调整机载临时支护油管时,掘进机必须停电闭锁
14	敲帮问顶前,无关人员必须远离工作地点,平巷(下山)掘进工作面敲帮问顶时,其他无关人员至少撤退至工作面后 6 m 靠巷帮高处躲避;上山掘进工作面敲帮问顶时,其他无关人员必须撤离至工作面后 15 m 靠巷帮高处躲避,并且要平整工作面底板(至少 3 m),保证敲帮问顶时找掉的矸石不顺巷道滚动。敲帮问顶时,作业人员应面向工作面站在已支护好的顶板下使用专用工具进行操作,严禁站在空顶下或煤、矸石坠(片)落的范围内或者背对工作面进行操作
15	上山施工时,人员应站在矸石滚落范围之外,严禁站在可能滚落的范围内
16	掘进面拉移胶带尾时,人员应站在警戒以外的安全地点,严禁站在胶带尾与综掘机之间

表 6-5 开拓工作面作业站位措施

序号	措　施
1	安装或拆除锚索托盘、锚杆托盘、锚索梁等巷道顶部支护材料时,身体应处于支护材料及工具下落的范围以外,严禁其他人员及作业人员身体任何部位(必要时除手以外)处于支护材料或工具下落范围内
2	耙装机出矸时及运行期间除耙装机司机外,其他人员严禁站在耙装机两侧,迎头导向滑轮前方6 m及耙斗运行范围内严禁有其他人员穿行、停留或作业
3	使用锚杆钻机钻眼或打注顶部锚杆或锚索时,必须有3人或3人以上操作;1名操作者握好操纵手把,另外2名协助上钻杆,握好护圈,保证锚杆钻机的稳定性,并且人员必须站在锚杆、钻杆下落的范围以外
4	风动凿岩机打眼时,人员应站在钻机左右两侧距离凿岩机最近的巷帮对侧,严禁骑跨在气腿上或在钻杆下方作业,严禁戴手套抓握钻杆
5	喷浆作业时上料人员必须站在喷浆机周围方便上料的区域,喷浆人员站在喷浆作业的对侧或斜对侧,照灯人员站在喷浆人员侧前后方便照灯的位置
6	液压钻车前进期间,钻臂前2 m范围严禁站人,后退期间,后退方向1 m范围内严禁站人。液压钻车在桥式转载机右侧行走时,钻车两边严禁站人。液压钻车行走期间后方收、放电缆人员距钻车尾部电缆架不得小于1 m。钻车在工作面打眼期间,工作面、钻臂下、钻臂活动范围内严禁站人
7	工作面有人作业时,在施工人员后方至少6 m位置设置警戒线,施工人员严禁站在警戒范围以内,挖掘机严禁挖掘警戒线内的矸石。挖掘式装载机运行期间所有人员严禁站在挖掘机两侧、前方及履带后方2 m范围内。转载胶带头看护人员站在距转载胶带行走小车0.5 m以外进行打点,并且用手扶住急停按钮,遇紧急情况及时按下急停按钮。转载胶带机尾看护人员,站在距挖掘机1 m位置,进行积矸清理等工作,严禁站在挖掘机1 m位置以内。出矸期间严禁人员从转载机下穿过
8	架设前探梁时必须对工作面进行彻底敲帮问顶,找净活矸活石,确保施工区域安全后方可进行下一步工作
9	单轨液压临时支护装置移动期间,运行前方除操作司机外不得有其他人员停留或作业,操作人员应站在单轨液压临时支护装置的侧后方,保持3～5 m的安全距离,严禁站在单轨液压临时支护装置的正下方。临时支护期间,只有当支撑腿打开撑紧顶板后,施工人员方可在支护装置下进行支护作业
10	工作面敲帮问顶时,必须设专人(2人,其中1人必须是班组长,1人照灯观察、1人工作)面向工作面站在已支护好的顶板下进行操作,敲帮问顶时,施工人员必须佩戴防护手套站在安全地点用专用撬杠撬掉顶板及两帮危矸活石,其他人员严禁站在施工区域内
11	对顶帮进行支护或其他作业时,人员应站在顶帮支护良好、无片帮掉矸危险、后路畅通的安全地点作业,严禁在后路不畅通处、无有效支护的岩(煤)帮及顶板下作业

表 6-5(续)

序号	措　施
12	严禁扶钻人员站在倾斜巷道的下侧或不稳定的物料上作业
13	背设背木时严禁站在未进行敲帮问顶的地方作业,站在背设地点的侧面,防止背木掉落伤人
14	画轮廓线、定炮眼位置、延腰线时,工作人员需站在顶板完好、后路无大块矸石、方便撤退的地点作业
15	移耙装机时,严禁除设备司机以外的任何人员站在警戒线以内。爆破、贯通警戒线内不得有任何人员
16	打设迎面墙防护网时应站在顶板支护完好的地点进行,严禁空顶打设迎面墙防护网
17	落底、刷帮、清矸等使用手镐、锹、钎子作业时,其他人员应站在工具、矸石甩出范围以外的安全地点
18	架棚施工时,作业人员要注意力集中,严禁非作业人员进入作业地点以内。校正钢棚必须站在可靠的支护下作业,严禁空顶作业。扶腿人员应面向煤帮,随时观察顶帮变化;上钢棚人员应侧站在永久支护下,动作快稳
19	装药时传递药卷人员之间距离不能超过可直接用手传递的范围,严禁抛掷传递药卷
20	严禁站或坐在顶帮没有支护或支护不可靠的地点歇息或作业
21	严禁任何人站、坐、靠在炸药箱或雷管箱上

表 6-6　设备安装、回撤、维护作业站位措施

序号	措　施
1	对接设备、管路、轨道时,应站在设备、管路、轨道移动、坠落范围外,需要对对接部位进行调整时,应采用工具辅助,严禁身体任何部位处于设备、管路、轨道的眼孔、对接部位或移动、坠落范围内
2	支架回撤磨架时,除监护人以外的其他人员应站在警戒线以外,监护人应站在当前架 3 架以外的支架内,严禁站在钢丝绳波及的范围及待磨支架 3 架范围内
3	支架安装或卸支架时,指挥人员应站在回采煤壁侧支架上方 3 m 以外,严禁其他人员站在警戒线内
4	安装支架卸卡具时,操作人员应遵循先下后上、先里后外的原则在支架侧方操作,严禁人员站在支架车下方
5	对单轨吊机车进行检修、维护期间,除检修、维护专业人员外,其他人员不得在机车下方通过或停留
6	井筒内作业时,人员不得平行作业
7	安装好的设备试运行时,必须与新设备保持安全距离
8	拆除设备、管路时,注意先释放应力,躲开受力方向
9	严禁人员站在胶带收缩方向或胶带上

表 6-7　运输作业站位措施

序号	措　　施
1	斜坡运输时,所有人员应立即撤离斜坡或撤至躲避硐中,平巷运输时,应在巷帮距轨道的宽度不低于 1.0 m 处等车辆通过后再行走或作业,严禁在运输中平巷轨道上或斜坡行走、逗留
2	人力推车时,应站在车辆的后方,手扶矿车扶手、框架或物料末端,严禁站在轨道上、车辆两侧、手扶在物料的突出部位推车
3	无极绳绞车运输期间,应站在梭车上方侧 5～15 m 的地点跟车(平巷为后方),其他人员应在不飘绳、跟车人员后方或梭车下方 30 m 以外的人行道侧行走,严禁在巷道易飘绳的低洼点、梭车下方侧 30 m 至上方侧 5 m 范围内、拐弯内侧行走或跨越轨道
4	处理车辆掉道时,应站在车辆上方侧、车辆倾倒及移动范围外操作,严禁站在车辆下方侧、车辆倾倒及移动范围内处理
5	胶带打料期间,巷道中人员应在硐室中躲避或撤至警戒线以外,严禁在运输通道内人行道行走或逗留
6	物料卸车时,人员应站在物料前行及下落范围外
7	需要跨越有车辆停放的轨道时,应绕过矿车
8	平巷遇车辆通过时,人员提前躲到就近巷道宽阔处安全地点靠巷帮站立,站在距轨道宽度不低于 1.0 m 的巷帮侧等待车辆通过,严禁与车辆同行,等待车辆通过后再走。避车期间,道岔前后 10 m 及运输线路弯道段为车辆易掉道区段,严禁在该区段避车
9	绞车运行时,钢丝绳波及范围内严禁有人。使用导向滑轮时,绞车钢丝绳、导向滑轮及工件组成的三角区内严禁站人,出现故障时,及时向绞车工发出信号,停止绞车运行
10	拉移设备列车时,设备列车段及车辆有下滑趋势的下方位置严禁站人
11	单轨吊机车运行时,机车前后 50 m 范围内不得有其他人员作业、逗留,人员应就近进入附近钻场、硐室、泵窝内进行躲避,如附近无钻场、硐室、泵窝等躲避地点时,应在巷道行人侧靠巷帮站立临时躲避
12	人员操作单轨吊起吊梁操作阀时,操作人员应避开支架及设备摆动运行方向,选择安全位置站立,防止挤伤人员
13	副井(西进风井)上下口、斜巷高低道进出车时,严禁在进出车区间逗留、通行、穿越
14	在两矿车之间摘挂钩作业时,严禁站在道心或轨道上,身体各部位严禁伸入两碰头之间
15	摘挂钩时,应站在行人侧或巷道较宽一侧进行操作,摘挂钩完毕后,严禁从串车车辆上方、两车辆之间或车辆运行下方穿越
16	车场会车时,主副道严禁同时行车,主副道一侧行车时,另一侧严禁进行任何作业
17	斜巷提升期间,各偏口、甩车场、弯道的提升钢丝绳弯曲区间内严禁有人逗留
18	挡车杠升起期间,严禁人员从挡车杠下方穿越,严禁人员在挡车杠下方逗留,需在挡车杠下作业的,必须将挡车杠常闭或用倒链、绳套等吊住,防止挡车杠落下
19	信号工打点时必须站在躲避硐或者有掩护的地方作业,严禁擅离职守

表 6-7（续）

序号	措　　　施
20	电机车顶车作业期间,跟车工必须始终位于列车的侧前方,站在行人侧或巷道较宽一侧,与轨道保持不小于 600 mm 的安全距离,与车辆最突出部分保持不小于 2 m 的安全距离
21	大巷行人侧畅通时,行人必须走在行人侧或巷道较宽一侧,严禁走在道心内或轨道上
22	无极绳绞车运行时,跟车工距运行车辆 10～15 m,斜巷段必须走在斜巷上坡方向;安装有转弯装置时,必须走在弯道的外侧
23	车辆复轨时,人员应站到溜车的反方向,斜巷复轨时,人员应站到车辆的上侧,若必须站在车辆侧面作业且车辆有倾倒危险时,在人员工作的一侧巷道内用两根 11# 工字钢或直径不小于 200 mm 圆木分别一端插入车底,一端斜靠在巷道内(工字钢、圆木长度根据巷道高度而定),作为防护支撑物
24	车辆复轨时,应站在车辆上方侧或车辆溜车、倾倒范围外操作,严禁站在车辆下方侧或车辆溜车、倾倒范围内
25	辅助运输作业人员监护料车行进时,严禁在自然下滑方向的车辆下方站立或行走
26	严禁用石子或其他物体代替掩车装置,严禁站、坐在未采取可靠稳车措施的矿车上作业
27	运送雷管的爆破工与背药工不得并排行走,背药工在前面,爆破工在背药工后面 10～15 m,背药工不得脱离爆破工的视线范围

表 6-8　钻孔施工作业站位措施

序号	措　　　施
1	移钻期间,严禁站在移动钻机对侧
2	稳钻挂顶柱连网绳时,严禁站在钻机机身上方,必须利用梯子进行作业
3	起钻、封孔时,其他人员应站在钻杆、封孔器两侧,严禁站在钻杆、封孔器正后方。注浆期间,人员严禁正对放浆阀
4	钻场试压期间,钻场内严禁站人,有异常时需停泵察看
5	注浆期间,不能在注浆范围内长时间逗留
6	大锤敲击期间,严禁人员站在锤头挥动方向
7	下孔口管侧翻机头时,严禁人员站在机头正对侧
8	测量、打钻期间,严禁人员倚靠运行中的胶带架
9	液压钻机钻进、起钻、处理塌孔等作业时,人员应站在固定平台上作业,严禁任何人员站在液压钻机正后方
10	出水钻孔更换闸阀期间,严禁人员正对孔口出水方向
11	巷道顶板定测量点砸铁钉时,严禁人员站在测点正下方
12	轨道运输、胶带运料期间,严禁人员站在巷道内,必须到钻场硐室内躲避

表 6-9　通风设施维护、瓦斯检查、爆破作业站位措施

序号	措　　施
1	延接、吊挂风筒时,作业人员应站在风筒外侧,在用钳子向前拉引风筒吊挂铁丝时,作业人员应站在钳子的后方即迎头方向,严禁站在钳子正前方,以防铁丝从钳子中脱落伤人
2	登高延接、吊挂、维修风筒等作业时,作业人员应站在专门架设的平台、架子、梯子或凳子上操作,严禁站在固定不牢、不稳定地点作业
3	粘贴风筒破口,严禁脸部正对风筒破口
4	在用胶带运输风筒时,巷道中人员应在硐室中或较为宽阔的巷帮侧站立等待物料外运,严禁在运输通道人行道行走
5	在运输巷道内吊挂、维修风筒等作业时,作业人员严禁站在轨道中间或站在未停电闭锁的胶带上吊挂、维护风筒作业
6	登高砌筑墙体、通风设施亮化、维修作业时,作业人员应站在专门架设的平台、架子上操作,其他人员严禁站在作业地点的正下方
7	运砖、泥浆等物料时,人员严禁站在操作平台的正下方
8	风压较大的地点拆除通风设施时,人员应站在进风侧进行施工,并在待拆设施的下风侧 10 m 处设专人警戒,防止人员意外受伤
9	在使用铁锤等较重工具拆除通风设施时,其他人员不得站在锤头的正后方且必须退至施工地点 5 m 范围以外,防止锤头、碎石飞溅伤人
10	检查冒落空间内的有毒有害气体时,人员应站在支护完好的巷道一侧,严禁人员站在有冒落危险的顶板正下方
11	在采煤工作面检查瓦斯期间,人员不得站在两台支架接触位置,严禁站在运输机道内
12	在检查打钻地点瓦斯期间,瓦检员应站在操作人员的一侧,严禁站在起钻杆的正后方
13	在运输巷道检查瓦斯时,人员应站在行人道一侧,严禁站在轨道中间或胶带上
14	在检查高冒区顶板瓦斯时,人员严禁站在不稳的物件上进行检查
15	当采煤机割至距两端头 5 m 位置时,严禁在此处检查瓦斯
16	在掘进工作面检查瓦斯必须在掘进机停止作业后,人员应站在顶帮支护良好、无片帮掉矸危险的安全地点检查,严禁站在支护不到位的煤帮及顶板下检查
17	制作起爆药卷时,作业人员应站在顶帮支护良好、无片帮掉矸危险、顶板淋水、避开电气设备的安全地点作业
18	在轨道运输巷道制作起爆药卷时,人员严禁站在巷道中间,应进入躲避硐内
19	在工作面装药期间,其他人员严禁站在操作炮棍人员的正后方
20	采掘工作面放炮时,所有人员应站在躲避硐内或蹲在有掩体地点,严禁直接站在巷道正中间放炮或躲炮(拐弯巷道除外)

表 6-9(续)

序号	措　　施
21	工作面验炮期间,所有人员严禁站在空顶的巷道顶板正下方进行验炮作业
22	测风员进行测风时,严禁站在胶带、钢丝绳运行范围进行作业
23	恢复通风、排放瓦斯时,无关人员应撤离至措施要求拉设的警戒线以外,严禁无关人员站在警戒线以内

表 6-10　起吊托运大件作业站位措施

序号	措　　施
1	起吊时,应站在起吊重物上方侧及手拉葫芦链条弹出范围外,严禁站在起吊重物坠落、摆动可能波及的范围内及手拉葫芦链条弹出范围内
2	人工拖运重物时,应站在重物前方 2 m 以外作业,严禁站在人工拖运重物两侧及前方 2 m 范围内
3	使用绞车拖运重物时,应站在重物与绞车外的安全地点,严禁站在运输通道范围内

表 6-11　地面作业站位措施

序号	措　　施
1	砂轮机、抛光机、切割机运行时,人员应躲避至侧方或旋转方向 2 m 以外的安全地点操作或站立,严禁站在设备旋转方向 2 m 范围内
2	车削、钻削、铣削作业时,需要调整工件或设备时,应在设备转动部位完全静止的状态下进行,严禁触碰转动的工件或设备部件
3	刨削作业时,人员应站在刨床、锯床的侧方,严禁站在刨床及锯床工作部件的行程范围内或正对刨床头站立
4	电气焊、锻造、锤击等作业时,除操作人员外的其他人员应站在飞屑波及范围外,严禁靠近电气焊、锻造、锤击作业地点
5	带锯作业时人员应站在带锯的一侧,严禁站在带锯工作部件的行程范围内或正对带锯头前方。同时要时刻观察运转中的锯条动向,如锯条发生前后窜动、发出破碎声及其他异常现象时,要立即停机,以防锯条折断伤人
6	操作带锯手与锯条的距离不得小于 500 mm,且不许将手伸过锯条,以防伤手。不允许边锯割边调整导轨;锯条运转中,也不允许调整锯卡,以防发生事故。当工作台面上锯条通路有碎木等阻塞时,应用木棍剥离,必要时停机排除,切不可用手清除,以防伤手
7	卸锯条时,一定要切断电源,等锯条停稳后进行;换锯条时,手要拿稳,防止锯条弹跳伤人
8	打开矿灯灯箱时,作业人员应站在箱门的侧面,与灯架保持安全距离,防止自救器意外坠落伤人

表 6-11(续)

序号	措　施
9	对充电架进行登高除尘,需设专人进行扶梯,扶梯人员应站在梯子的侧面
10	气割作业时,作业人员在 2 m 范围内严禁与其他人员同时作业
11	抛丸机除锈作业时,作业人员必须佩戴防护眼镜,应站在除锈设备 3 m 以外
12	钢筋切断作业时,作业人员应站在切断机进料口侧面,出料口 2 m 范围内严禁站人
13	起吊作业,吊点应选择物体的重心,不得用人体任何部位配重或调节物体的重心。翻转大型工件时,5 m 范围内严禁任何人员站立

表 6-12　其他作业站位措施

序号	措　施
1	入井人员在井下行走时必须走人行道,严禁在巷道内随意跑动
2	需要通过巷修、架棚或其他作业地点时,应征得现场作业人员同意后或等待作业完成后再通过,严禁私自从正在巷修、架棚等作业地点通过
3	人员行走时,应绕行打栅栏的巷道,严禁私自进入栅栏以内
4	跨越胶带(刮板机)时必须走行人过桥,严禁不经过桥直接跨越胶带(刮板机)或站在胶带(刮板机)上,严禁乘坐胶带(刮板机)
5	人员行走时,必须观察顶板情况,躲开浆皮开裂地点,严禁在浆皮开裂地点长时间逗留
6	乘坐猴车时不得在途中随意上下车,必须在指定地点上车和下车
7	登高作业时,应站在专门架设的平台、架子、梯子或凳子上操作,严禁站在矿车帮、花车帮、三用阀、油桶、电缆线等不可靠地点作业
8	作业人员应在采取了可靠的防护措施后方可进入煤、矸仓上口护栏以内,严禁非作业人员私自进入煤、矸仓上口护栏以内
9	敲击螺钉或其他物件时,应先定位后砸入或用钳子等工具辅助操作,严禁用手扶被敲击物件
10	处理管路堵塞或对设备、管路卸压时,应站在液、气体喷出的范围以外,严禁正对眼(管)孔或闸、阀口处
11	煤仓、溜煤眼放矸、放煤时,人员应站在仓口下方周围 3 m 以外安全地点
12	注锚、装药吹眼时,人员应站在眼孔的侧方,严禁正对眼孔观察
13	注浆、水力压裂时,操作人员应站在高压胶管甩脱范围外,其他人员应躲避在拉设的警戒线以外,严禁人员站在高压胶管易甩脱伤人的地点
14	敲帮问顶时,人员应用长柄工具站在煤、矸石坠(片)落的上方侧进行操作,严禁站在煤、矸石坠(片)落的范围内

表 6-12（续）

序号	措　　施
15	行走时应选择底板平整的地点,跨越运输设备应走桥,严禁在托绳轮等不可靠的设施上行走、跨越或站立在未按规定停电闭锁的刮板输送机、带式输送机等设备上
16	需穿越或在设备下方作业时,应采取防护措施后方可进入
17	底板湿滑不平整抬运管路、钢梁等长材时,应采取拖运方式
18	验放电作业时,人员不得站在被验电气设备的开口方向,同时也禁止开口方向对着其他人员
19	电焊作业时,人员不得坐、靠被焊工件,或直接用手更换焊条
20	高空焊接作业时,必须有防坠或防火措施
21	在金属容器内或构件上焊接时,人员必须站或坐在绝缘垫上
22	人力安装或拖拽电缆时,人员不得站在电缆内侧,防止被挤伤
23	在斜巷或湿滑路面等行走时,人员不得抓、扶电缆
24	井架(井口、井筒)检修时,人员应绕过高空物件坠落范围外行走,井架下、井底、老坑周围 10 m 范围内及井口、井筒内严禁站人
25	提升机运行时井筒内梯子间等空间狭窄地点严禁站人
26	副井口、井底推车机、阻车器等设施标定线内严禁站人

6.2　安全确认

6.2.1　安全确认的理论基础

6.2.1.1　安全确认的相关概念

日本在 20 世纪 60 年代经济高速发展的同时,其安全生产事故也日益频发,据统计,仅 1961 年工作场所现场死亡人数高达 6 700 余人。为了有效改善这一困境,1973 年日本开始推行"零事故"战役。"零事故"战役的具体实施方法即通过"手指口述"进行"安全确认"[125]。21 世纪初,我国一些煤炭企业也开始推行"手指口述"进行安全确认,并取得了良好的效果[126-128]。《国务院安委会关于进一步加强安全培训工作的决定》(安委[2012]10 号)提出:要大力推广"手指口述"等安全确认法,帮助员工通过心想、眼看、手指、口述,确保按规程作业[129]。

安全确认是在生产的各个环节,对作业人员、作业环境、使用设备和原材料等生产元素中存在的安全隐患,使用前述分析得到的隐患清单以及措施方案进行排查和处理,事先确认后再去执行下一步的工作。所以,安全确认标准的建立,应以事故预测技术为依据,以系统控制理论为指导,对具有潜在危险的作业,在事先经过风险辨识、危害评价的基础上,找出控制危险的措施(确认内容),使作业人员及其管理者按照确定的内容,在作业前进行检查确认,以消除、降低或控制危险因素[130]。安全确认能将各个生产要素紧密地联系在一起,结合危险预知,形成事故预防的有机整体,从根本上消除不安全因素,防止事故的发生,实现企业的本质化安全生产。利用 SHEL 模型,其作用机理如图 6-3 所示。

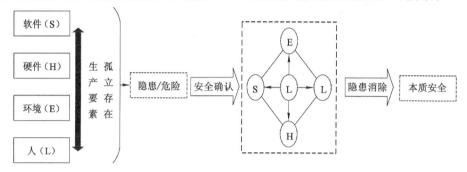

图 6-3　安全确认作用机理

"手指口述"是进行安全确认最常见、最有效的方法。"手指口述"的做法依据来源于日本桥本邦卫教授提出的"五阶段意识水平"。他将意识水平分为五个阶段,以此来阐释意识水平和注意力与作业准确度之间的关系。在日常工作中,多数时间人的意识处于第Ⅱ阶段,在进行具有危险性的特殊作业时,可以通过"手指口述",将意识水平提高到第Ⅲ阶段,从而提高人员的安全意识,避免事故发生。"手指口述"的作用原理图如图 6-4 所示[131]。

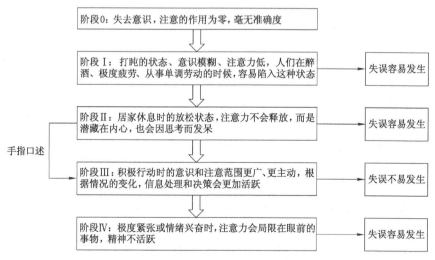

图 6-4　"手指口述"作用原理图

"手指口述"的执行要领,可以用"心想""眼看""手指""口述"来概括,具体的步骤如表 6-13 所示。

表 6-13 "手指口述"执行步骤

步骤	要领	具体内容
1	心想	作业者在对操作对象进行安全确认前,要想一想本岗位的岗位标准、操作程序和安全规程等有关内容,对相关安全注意事项进行初步确认
2	眼看	作业者在操作过程中,要注意查看所操作的对象和人机结合面是否存在隐患。同时每做完一个操作动作都要及时检查
3	手指	作业者要严格按手指口述操作要领,用手指向所操作的对象或工作环境,以准确定位所要安全确认的具体对象以及自己所处的具体工作环境
4	口述	作业者在对人、机、物、环等因素安全确认后,将安全确认的结果口述出来,在提醒自己的同时也提醒协同作业者,达到消除不安全因素的目的

6.2.1.2 安全确认的类型

(1)岗位确认。即作业人员进入工作岗位或进行凿岩爆破、出渣运搬、提升、支护、撬毛、筑坝、电气焊、起重、高处作业、动火及有限空间作业等特种作业前,必须由指令其作业的人员确认其有无操作资格,是否具备在本岗位操作所需的安全技能,避免无证上岗、冒险蛮干等违章行为。

(2)操作确认。即岗位操作人员在作业前,要严格按照"想""看""动""查"的作业程序,对操作对象的名称、作用、程序等进行确认无误后再开始操作。"想"即预想本岗位的操作程序、动作标准、安全操作规程和安全注意事项,在相同岗位或相近岗位曾经发生过何种事故,怎样预防才能确保安全;"看"即细致查看操作设备和作业环境是否正常,设备状态是否适合作业,所操作的对象和人机结合面是否存在隐患和缺陷,显示器、控制器、安全防护装置是否正常完好,操作定位是否正确;"动"即严格按操作程序、动作标准及安全操作规程的要求实施操作;"查"即在操作过程中,每做完一个操作动作都要检查,查操作对象反馈的信息是否正确,查自己的操作方式、操作程序是否存在差错。

(3)工作指令与联系呼应确认。即工作中,执行者必须确认指挥者的工作指令,明确其指令是"令行",还是"禁止";检修时,具体操作人员必须确认指挥协调人员的口令和信号;只有在执行者重复确认无误后,才能进行作业,并做好记录,以杜绝误开机、信号不明、协调不力等情况。当然,指挥者发出的指令一定要简明扼要,与安全要求不矛盾、不冲突,且准确无误,并担负起对作业人员执行情况进行监督检查的职责。当两人或两人以上作业时,应确认由一人统一指挥,听从指挥人员的统一口令,加强协调配合并不断进行互换联系;相互配合的作业应确认联系呼应的用语、口令、信号、手势、标牌以及安全防范措施等。

(4)联保互保确认。即在生产作业前,首先确认自己、本岗位其他操作者和相邻岗位的操作者是否均处于安全状态,本人操作是否会对他人造成伤害,自己是否会被他人的误操作所伤害。工作中除及时纠正自己操作上的缺点和错误外,还要注意确认联保互保人员的精神状态和操作情况,如发现有问题,及时给予指正。

(5)工作完毕安全状态确认。即作业完毕后,要立即对本岗位进行安全检查,确认被破坏的安全防护装置是否恢复原状,所操作设备是否按规定停机(车),作业场地是否已经清理完毕,本人和其他人员是否已处于安全环境。

6.2.1.3 安全确认的方法

安全确认的方法有多种,需要根据实际需求进行选取,按照作业的顺序,从班前、班中、班后三个环节,对安全确认的方法进行阐释。一般来说,在班前、班中、班后,可采用安全宣誓、手指口述、复述安全规程、签署安全确认单、悬挂安全确认牌、查验工作票、设置上岗仪容镜等方式方法,让员工集中精力,全面排查可能随时出现的安全隐患,并把安全隐患消除在萌芽状态。

(1)班前确认

班前确认时,班组长应首先确认当班上岗职工的思想情绪稳定,无酗酒、无疲劳、无疾病、无浮躁麻痹。其次确认当班生产任务及井下工作场所的安全状况,按照"上不清、下不接"的原则,对生产现场的设备设施、安全装置、工器具、危险源(点)、现场环境等与上一班进行交接;各岗位作业人员对所管区域、所用设备、使用工具等通过"手指口述"进行安全确认,明确每个作业地点、每个环节、每道工序存在的安全隐患、处理方法和安全注意事项,确认现场无隐患后方可投入工作。最后确认当班上岗职工对岗位安全操作规程和安全措施知晓不知晓、会用不会用。

(2)班中确认

在作业过程中,各岗位作业人员在每一个生产作业环节都要通过"看、想、诵",查看一下工作现场是否出现了新的不安全因素和安全隐患,静想一下班前会的内容和有无遗忘的安全注意事项,默诵一下本岗位的安全操作规程、工作要求,做到不安全不作业,危险不排除不作业。

(3)班后确认

当班作业结束后,各岗位作业人员要立即对工作现场进行全方位确认,确认当班是否存在安全隐患,确认安全隐患是否处理完毕或未处理的隐患是否能够向接班人员交代清楚。同时,当班班组长应及时针对本班工作完成情况、设备安全运行情况、安全确认过程等进行评估,对于工作中的违章冒险行为、工作懈怠行为、责任心不强等现象及时提出批评和总结,举一反三,提醒作业人员避免在以后工作中出现类似情况。

6.2.2 安全确认的实例应用

根据上节对安全确认的理论研究,结合试点煤矿的实际生产工艺,将城郊煤矿的安全确认工作分为岗位工和关键工序两种,并分别制定了相应的标准。表 6-14 为每项安全确认标准的名称。

表 6-14　安全确认标准的名称

分　类	安全确认标准名称
岗位工安全确认	采煤机司机安全确认标准
	液压支架工安全确认标准
	乳化泵司机安全确认标准
	采煤工作面刮板输送机司机安全确认标准
	采煤工作面转载机司机安全确认标准
	采煤工作面端头维护工安全确认标准
	锚杆支护工安全确认标准
	掘进机司机安全确认标准
	巷道喷浆注浆工安全确认标准
	掘进工作面刮板输送机司机安全确认标准
	斜巷信号把钩工安全确认标准
	绞车司机安全确认标准
	电机车司机安全确认标准
	跟车工安全确认标准
	窄轨轨道工安全确认标准
	电机车维修工安全确认标准
	电机车充电工安全确认标准
	井下电工安全确认标准
	胶带机检修工安全确认标准
	胶带机司机安全确认标准
	主提升机司机安全确认标准
	通风机司机安全确认标准

表 6-14(续)

分　类	安全确认标准名称
关键工序安全确认	平巷乘车安全确认标准
	乘坐猴车安全确认标准
	斜巷处理车辆掉道安全确认标准
	井下爆破安全确认标准
	胶带装(卸)物料安全确认标准
	掘进工作面看机尾安全确认标准
	用绞车回撤支护材料安全确认标准
	水仓清理安全确认标准
	人力推车安全确认标准
	卸车作业安全确认标准
	装车作业安全确认标准
	副井运输安全确认标准
	掘进工作面接班安全确认标准
	采煤工作面接班安全确认标准
	大型机电设备安装、撤除安全确认标准
	安装液压支架安全确认标准
	液压支架撤除安全确认标准
	其他设备安装安全确认标准

以采煤机司机这一岗位为例,安全确认制定的标准分为操作前安全确认、操作过程中安全确认、停机后安全确认、采煤机司机离开煤机时安全确认这四个步骤。操作前安全确认:① 内外喷雾、冷却水、水压、水量达到要求,确认完毕;② 滚筒截齿、齿座齐全完好,确认完毕;③ 滚筒前后 5 m 范围内无其他人员,确认完毕;④ 经试运转无异常声音,可以开机,确认完毕。操作过程中安全确认:① 采煤机滚筒前后 5 m 范围内无其他人员,确认完毕;② 割端头时,端头已拉绳、挂牌、专人站岗,确认完毕。停机后安全确认:① 停机处顶板完整,无冒顶片帮危险,确认完毕;② 滚筒截齿、齿座齐全完好,确认完毕;③ 滚筒无缠绕物,确认完毕。采煤机司机离开煤机时安全确认:① 煤机离合器、隔离开关已打开,确认完毕;② 设备列车煤机开关已停电,可以离开。

6.3 本章小结

本章首先对安全站位进行概述,建立了安全站位的实施步骤。以试点煤矿为例,将煤矿特殊施工进行了归类,分别为采煤工作面作业,掘进工作面作业,开拓工作面作业,设备安装、回撤、维护作业,运输作业,钻孔施工作业,通风设施维护、瓦斯检查、爆破作业,起吊托运大件作业,地面作业,其他作业等 10 个类型,从保证人员安全角度出发,针对每个类型提出了对应的人员站位措施,共计 172 条。

然后,对安全确认的作用机理、类型、方法等进行了阐述。煤矿施行的安全确认主要包括岗位确认、操作确认、工作指令与联系呼应确认、联保互保确认和工作完毕安全状态确认等。以城郊煤矿为例,根据岗位工、关键工序的不同,制定了 40 项安全确认标准。

第7章 流程作业

7.1 流程作业的内涵

流程作业主要指煤矿员工按照其工作岗位的岗位标准作业流程进行作业，它是煤矿在现代流程管理理念的基础上总结实践经验而得出的一种安全高效的工作方式。"流程作业"方法通过现场流程作业管理，使安全管理工作更加专业化、精细化、系统化，细化到了每个工作岗位、每个工作时段、每一位作业人员，从而强化了整个作业流程的安全管控，确保了各施工工序管理标准和管理措施的有效落实，规范了员工操作行为。编制的岗位标准作业流程是煤矿员工进行流程作业的重要依据，其中岗位标准作业流程则是指细化和量化作业流程，将某个岗位的操作步骤、工作内容、注意事项等内容按照如流程图一样的统一格式描述，并通过流程管理工具进行管理。其实质是依据煤矿相关标准及规范，使用科学的管理工具来合理细化作业步骤，明确作业标准，并标明注意事项。

7.2 煤矿流程作业的实例应用

井下施工现场执行正确的流程作业方法是指导安全生产的基础条件，是有效抑制各类"零碎"事故发生的重要保障，是规范员工操作行为、持续提升员工安全素质的可靠依托，是促进煤矿区队自主管理的重要途径。依据《城郊煤矿流程作业工序辨识卡管理手册》，经城郊煤矿区队专业人员辨识、科室专业负责人审核、安检科总结评定、矿层面组织会审，最终形成涉及七个专业的井下流程作业管理综合性支撑材料。这七个专业流程分别为：科室重点业务作业流程、采煤系统作业流程、掘进系统作业流程、开拓系统作业流程、机电运输系统作业流程、通风系统作业流程、防治水系统作业流程。

城郊煤矿通过现场流程作业管理，使安全管理工作更加专业化、系统化，并进一步精细到了每个地点、每个时段、每一位管理人员，从而强化了现场施工过程的安全管控，确保了各施工工序管理标准和管理措施的有效落实，有效抑制了各类"零碎"事故发生。

7.2.1　科室重点业务流程

根据城郊煤矿行政办、调度室、生产科、机电科、安检科、通防科、地测科、劳资科、企管科、供应科、培训办、政工科、纪检监察科、工会和保卫科的主要工作,制定相应的工作流程,各自包含的流程类别如表7-1所示。

表 7-1　各科室重点业务流程清单

序号	科室	业务流程
1	行政办	对外接待业务流程
2		规章制度制定、审批、发布、实施业务流程
3		公文流转业务流程
4	调度室	监控设备检修与维护作业业务流程
5		监控设备安装作业业务流程
6		瓦斯超限断电试验作业业务流程
7		雨季"三防"检查工作业务流程
8		城郊煤矿应急预案修订工作业务流程
9		城郊煤矿事故处理业务流程
10		工程交接业务流程
11		煤仓检修、维护作业业务流程
12	生产科	采掘专业顶板检查业务流程
13		采掘安全生产标准化检查业务流程
14		工程设计业务流程
15		环保业务流程
16		作业规程审批业务流程
17	机电科	防爆检查作业业务流程
18		机电运输专业检查业务流程
19		机电运输设计业务流程
20		运输专业安全生产标准化自检业务流程
21		修理设备验收作业业务流程
22		设备送修作业业务流程
23		副井提升系统评价作业业务流程
24		机电运输设备检测检验作业业务流程
25		机电专业安全生产标准化自检业务流程
26		电缆入井业务流程
27		阻燃胶带入井业务流程
28		机电设备入井业务流程

表 7-1(续)

序号	科室	业务流程
29	安检科	三违管理业务流程
30		安检员安全检查作业业务流程
31		矿井安全生产标准化考核业务流程
32		安全隐患闭合管理业务流程
33		职业卫生管理业务流程
34		矿井双基考核业务流程
35		矿井综合隐患排查业务流程
36	通防科	通风设计业务流程
37		反风演习业务流程
38		排放瓦斯业务流程
39		巷道贯通业务流程
40		瓦斯治理工程设计业务流程
41		防突工作业业务流程
42	地测科	防治水隐患排查业务流程
43		水害治理工程设计业务流程
44		地质、水文地质、瓦斯地质业务流程
45		测量工贯通业务流程
46	劳资科	人工费结算业务流程
47		劳动防护用品发放业务流程
48		工资核算发放业务流程
49		社会保障经办业务流程
50		员工管理及调动业务流程
51	企管科	对外经济活动业务流程
52		废弃资源处理业务流程
53		固定资产处理业务流程
54		统计工作业务流程
55		外委土建工程管理业务流程
56		修旧利废管理业务流程
57		专项资金管理业务流程
58		内部市场结算管理业务流程

表 7-1(续)

序号	科室	业务流程
59	供应科	物资仓储管理业务流程
60		火工品管理业务流程
61	培训办	矿长安管证培训考核业务流程
62		员工培训业务流程
63		区队内部培训业务流程
64	政工科	《城郊信息》编排业务流程
65		发展党员工作业务流程
66	纪检监察科	效能监察工作业务流程
67		执纪审察工作业务流程
68	工会	群监员考核工作业务流程
69		地面设施专业安全生产标准化检查业务流程
70		职工技能竞赛工作业务流程
71		班组金字塔晋级创建考核业务流程
72		协管员考核工作业务流程
73	保卫科	消防检查工作业务流程
74		治安防范工作检查业务流程

7.2.2 采煤系统作业流程

针对城郊煤矿采煤系统,从关键工序和岗位工方面共制定了 31 项作业流程清单,具体见表 7-2。

表 7-2 采煤系统作业流程清单

序号	类别	作业流程
1	关键工序作业流程	施工切顶孔作业流程
2		切顶爆破作业流程
3		工作面收尾作业流程
4		拆卸锚具作业流程
5		拆卸顶锚作业流程
6		沿空留巷挡矸支护作业流程
7		运搬作业流程

表 7-2（续）

序号	类别	作业流程
8	关键工序作业流程	采煤机检修作业流程
9		刮板机检修作业流程
10		柴油单轨吊检修作业流程
11		安装支架作业流程
12		回撤支架作业流程
13		拉移设备列车作业流程
14		打预测孔（释放孔）作业流程
15		浅孔抽放作业流程
16		拉转载机作业流程
17		拉胶带尾作业流程
18		支架拔加长节作业流程
19	岗位工作业流程	超前支护工岗位作业流程
20		端头支护工岗位作业流程
21		清煤工岗位作业流程
22		信号把钩工岗位作业流程
23		水泵工岗位作业流程
24		电钳工岗位作业流程
25		柴油单轨吊司机岗位作业流程
26		双速绞车司机岗位作业流程
27		乳化泵工岗位作业流程
28		刮板输送机司机岗位作业流程
29		带式输送机司机岗位作业流程
30		采煤机司机岗位作业流程
31		液压支架工岗位作业流程

7.2.3 掘进系统作业流程

针对城郊煤矿掘进系统，从关键工序和岗位工方面共制定了 35 项作业流程清单，具体见表 7-3。

表 7-3　掘进系统作业流程清单

序号	类别	作业流程
1	关键工序作业流程	过断层施工作业流程
2		过老巷施工作业流程
3		扩帮施工作业流程
4		处理冒顶作业流程
5		绞架施工作业流程
6		硐室施工作业流程
7		贯通施工作业流程
8		单轨吊梁施工作业流程
9		恒阻锚索施工作业流程
10		割煤施工作业流程
11		顶板支护施工作业流程
12		帮部支护施工作业流程
13		锚索支护施工作业流程
14		开工准备施工作业流程
15		前探梁式临时支护施工作业流程
16		机载式临时支护施工作业流程
17		挑顶施工作业流程
18		防水雨棚施工作业流程
19		刮板输送机延伸施工作业流程
20		带式输送机运料作业流程
21		刮板输送机安装施工作业流程
22		电缆安装施工作业流程
23		设备检修施工作业流程
24	岗位工作业流程	刮板输送机司机岗位作业流程
25		掘进机司机岗位作业流程
26		双速绞车司机岗位作业流程
27		信号把钩工岗位作业流程
28		带式输送机司机岗位作业流程
29		水泵工岗位作业流程
30		掘进工岗位作业流程
31		蓄电池单轨吊司机岗位作业流程
32		柴油单轨吊司机岗位作业流程
33		电钳工岗位作业流程
34		通风工岗位作业流程
35		搬运工岗位作业流程

7.2.4 开拓系统作业流程

针对城郊煤矿开拓系统,从关键工序和岗位工方面共制定了 38 项作业流程清单,具体见表 7-4。

表 7-4 开拓系统作业流程清单

序号	类别	作业流程
1	关键工序作业流程	巷道贯通作业流程
2		巷道跨(穿)越作业流程
3		迎面墙防护作业流程
4		巷道开口施工作业流程
5		抬底作业流程
6		挑顶作业流程
7		拉底作业流程
8		残爆、拒爆作业流程
9		爆破作业流程
10		顶板支护作业流程
11		帮部支护作业流程
12	关键工序作业流程	施工地坪作业流程
13		施工水沟作业流程
14		安装密闭门作业流程
15		岩巷作业线出矸作业流程
16		耙装机出矸作业流程
17		施工台阶作业流程
18		画轮廓线作业流程
19		液压钻车打眼作业流程
20		搅拌机拌料作业流程
21		顶板初喷作业流程
22		帮部初喷作业流程
23		前探梁临时支护作业流程
24		验炮作业流程
25		架棚作业流程
26		凿岩机打眼作业流程
27		施工超前骨架作业流程
28		清理泵坑作业流程

表 7-4（续）

序号	类别	作业流程
29	岗位工作业流程	掘进工岗位作业流程
30		背药工岗位作业流程
31		通风工岗位作业流程
32		验收员岗位作业流程
33		凿岩机司机岗位作业流程
34		注浆工岗位作业流程
35		水沟掘砌工岗位作业流程
36		锚杆支护工岗位作业流程
37		清仓工岗位作业流程
38		巷修工岗位作业流程

7.2.5　机电运输系统作业流程

针对城郊煤矿机电运输系统,从关键工序和岗位工方面共制定了 123 项作业流程清单,具体见表 7-5。其中关键工序包括机电一队关键工序作业流程、机电二队关键工序作业流程、运输队关键工序作业流程、机修厂关键工序作业流程,岗位工作业流程包括机电一队岗位工作业流程、机电二队岗位工作业流程、运输队岗位工作业流程、机修厂岗位工作业流程、服务公司岗位工作业流程。

表 7-5　机电运输系统作业流程清单

序号	类别	作业流程
1	机电一队关键工序作业流程	井下变电所检修作业流程
2		地面提升机电控系统检修作业流程
3		井下提升机电控系统检修作业流程
4		提升机液压系统检修作业流程
5		主井提升作业流程
6		井下风水管路更换作业流程
7		井下电缆拆除、安装作业流程
8		大型固定设备检修作业流程
9		主副提升机首绳更换作业流程
10		立井提升机尾绳更换作业流程

表 7-5(续)

序号	类别	作业流程
11	机电一队关键工序作业流程	立井提升系统调绳作业流程
12		架空乘人装置钢丝绳更换作业流程
13		主排水泵更换作业流程
14		液压站换油作业流程
15		斜巷提升机钢丝绳更换作业流程
16		主井装载给煤机平板闸门更换作业流程
17		立井提升机滚筒摩擦衬垫更换作业流程
18		主要通风机反风作业流程
19		主要通风机倒换风机作业流程
20		主井装载胶带机胶带更换作业流程
21	机电二队关键工序作业流程	更换胶带机架作业流程
22		更换液力耦合器作业流程
23		更换驱动电机作业流程
24		更换减速机作业流程
25		更换胶带机滚筒作业流程
26		更换普通胶带作业流程
27	机电二队关键工序作业流程	胶带硫化作业流程
28		配电点检修作业流程
29		更换开关作业流程
30		处理转载点堵大块作业流程
31		处理胶带机压死作业流程
32		胶带接头订扣作业流程
33		更换胶带托辊作业流程
34*	运输队关键工序作业流程	斜巷运输作业流程
35		起吊作业流程
36		车辆掉道复轨作业流程
37		矸石山提升机更换钢丝绳作业流程
38		轨道大巷洒水降尘作业流程
39		副井下放长材作业流程
40		电气检修作业流程
41		防尘水幕安装(维修)作业流程

表 7-5（续）

序号	类别	作业流程
42	运输队关键工序作业流程	轨道铺设作业流程
43		井下运搬作业流程
44		井下机械检修作业流程
45		立井运输作业流程
46		矸石山翻矸作业流程
47		电机车维修作业流程
48	机修厂关键工序作业流程	喷漆作业流程
49		五小电器修理作业流程
50		锚杆修复作业流程
51		电缆修复作业流程
52		三用阀修理作业流程
53		起重机操作作业流程
54		叉车作业流程
55		电瓶车操作作业流程
56		锻造作业流程
57		铣削作业流程
58	机修厂关键工序作业流程	刨削作业流程
59		钻削作业流程
60		车削作业流程
61		胶带切割作业流程
62		电气试验作业流程
63		起重设备检查维护作业流程
64		切割、磨制工件作业流程
65		绞车修理作业流程
66		水泵修理作业流程
67		机械设备检修作业流程
68		局部通风机修理作业流程
69		开关修理作业流程
70		电机修理作业流程
71		矿灯检查维护作业流程
72		自救器检测作业流程

表 7-5(续)

序号	类别	作业流程
73	机电一队岗位工作业流程	矿井维护钳工岗位作业流程
74		矿井维护电工岗位作业流程
75		信号拥罐(把钩)工岗位作业流程
76		主通风机司机岗位作业流程
77		电力监控配电工岗位作业流程
78		矿井主排水泵工岗位作业流程
79		大型空气压缩机司机岗位作业流程
80		煤矿提升机司机岗位作业流程
81		制冷与空调设备运行操作工岗位作业流程
82		变电所配电工岗位作业流程
83		装载工岗位作业流程
84		卸载工岗位作业流程
85	机电二队岗位工作业流程	信号把钩工岗位作业流程
86		电钳工岗位作业流程
87		胶带机司机岗位作业流程
88		双速绞车司机岗位作业流程
89	机电二队岗位工作业流程	调度绞车司机岗位作业流程
90		地面集控司机岗位作业流程
91		翻罐笼翻煤岗位作业流程
92		给煤机放煤岗位作业流程
93		机械维修岗位作业流程
94	运输队岗位工作业流程	轨道工岗位作业流程
95		搅拌工岗位作业流程
96		起重机械工岗位作业流程
97		搬运工岗位作业流程
98		清车机司机岗位作业流程
99		水泵工岗位作业流程
100		立井信号把钩工岗位作业流程
101		翻罐工岗位作业流程

表 7-5(续)

序号	类别	作业流程
102	运输队岗位工作业流程	斜巷信号把钩工岗位作业流程
103		充电工岗位作业流程
104		双速绞车司机岗位作业流程
105		电机车司机岗位作业流程
106		井下电钳工岗位作业流程
107	机修厂岗位工作业流程	机加工岗位作业流程
108		维修电工岗位作业流程
109		锻工岗位作业流程
110		钳工岗位作业流程
111		桥门式起重机司机岗位作业流程
112		电瓶车司机岗位作业流程
113		叉车司机岗位作业流程
114		矿灯自救器工岗位作业流程
115		熔化焊接与热切割岗位作业流程
116	服务公司岗位作业流程	清洁工岗位作业流程
117		炊事员岗位作业流程
118		澡堂工岗位作业流程
119		水质化验工岗位作业流程
120	服务公司岗位作业流程	水泵工岗位作业流程
121		检修工岗位作业流程
122		吊篮工岗位作业流程
123		司炉工岗位作业流程

7.2.6 通风系统作业流程

针对城郊煤矿通风系统,从关键工序和岗位工方面共制定了 14 项作业流程清单,具体见表 7-6。

表 7-6　通风系统作业流程清单

序号	类别	作业流程
1	关键工序作业流程	瓦斯抽采作业流程
2		封孔连孔作业流程
3		设备检修作业流程
4		瓦斯抽放泵停泵、倒泵作业流程
5		测孔作业流程
6		管路巡查作业流程
7	岗位工作业流程	井下电气工岗位作业流程
8		瓦斯检查工岗位作业流程
9		爆破工岗位作业流程
10		通风设施工岗位作业流程
11		测风工岗位作业流程
12		职业危害监测工岗位作业流程
13		木工岗位作业流程
14		仪器修发工岗位作业流程

7.2.7　防治水系统作业流程

针对城郊煤矿防治水系统,从关键工序和岗位工方面共制定了 9 项作业流程清单,具体见表 7-7。

表 7-7　通风系统作业流程清单

序号	类别	作业流程
1	关键工序作业流程	井下探放水作业(下管)流程
2		井下探放水作业(埋管)流程
3		井下探放水作业(注浆)流程
4		井下探放水作业(封孔)流程
5	岗位工作业流程	探放水工(钻探)岗位作业流程
6		探放水工(注浆)岗位作业流程
7		信号把钩工岗位作业流程
8		电钳工岗位作业流程
9		绞车司机岗位作业流程

7.3 本章小结

本章阐述了流程作业的内涵,然后以城郊煤矿为例,经过区队专业人员辨识、科室专业负责人审核、安检科总结评定、矿层面组织会审,最终形成了岗位流程作业标准,得到了由施工工序、允许流程作业工序、严禁流程作业工序以及管理标准和管理措施构成的井下流程作业管理综合性支撑文件。

第8章 基于六西格玛管理模式的 "四位一体"行为安全管理体系

本章对典型的六西格玛管理模式进行了介绍,分析了其在安全管理体系建设中的适用性。基于六西格玛管理模式,建立了"四位一体"行为安全管理体系,并对体系周期的每个阶段进行了说明。在城郊煤矿进行了应用,并对其应用效果进行了分析。

8.1 六西格玛管理模式概述

六西格玛管理作为质量管理的一种方法体系,其实质是以顾客满意度为驱动的持续改进产品和服务质量的方法。六西格玛管理在实际应用中可以分为六西格玛改善和六西格玛设计,前者一般适用于解决现有流程、产品或者服务中存在的问题,常用的是 DMAIC 循环模式,即定义(Define)、测量(Measure)、分析(Analyze)、改进(Improve)、控制(Control);后者一般用作新流程、新产品或者新服务的设计思路,常用的是 DMADV 模式,第 2 个 D 指设计(Design),V 指验证(Verify)。

目前,已有国内外学者开展了一些研究,将六西格玛管理理论引入安全管理中,Alharthi 将六西格玛管理应用到职业健康安全管理中,使用 DMAIC 来进行风险管理[132]。Furst 提出可以将精益管理和六西格玛管理相结合,用于安全绩效的提高[133]。刘辉等使用 DMAIC 模式对建筑施工现场的事故原因进行了分析,找出关键因素并提出改进方案[134]。

六西格玛管理作为持续改进产品和服务质量的方式之一,改进路径是自上而下的,优先解决的是与组织战略相关的重要问题。煤矿企业安全现状的改善,需要领导层的参与和支持,所制定的安全目标只有通过自上而下才能分解和落实。二者在实现目的和实现方式上具有相同之处。此外,DMAIC 模式本质上与质量管理中的 PDCA(计划 Plan、执行 Do、检查 Check、处理 Act)一致,但相比较而言,DMAIC 模式的每一个步骤下,都有具体的工具支撑,更易于操作。因此,本书尝试采用六西格玛管理的流程,建立煤矿企业"四位一体"行为安全管理体系的管理流程,以期达到持续改进、不断提高的目的。

8.1.1　定义阶段(D)

六西格玛的定义阶段是分析顾客的关键需求,确定改进的项目。对应于煤矿企业安全管理,首先也是确定需要改进的项目以及改进的程度。通过前述对煤矿危险源的辨识,已经掌握了当前企业安全绩效的水平以及其中存在的不足,根据找出的不足可以确定需要改进的指标是哪些以及需要改进多少。此外,延伸质量管理中顾客的概念,把公司员工、监管方以及旅客等相关方都定义为顾客。根据员工反馈的安全建议、煤矿监管方对本公司下一阶段安全目标的要求以及公众对煤矿企业的安全期望,来确定改进的需求。对改进的需求可以反映到所建立的安全指标中,或可以建立新的安全指标。总之,通过定义这一阶段,能确定公司下一安全改进周期(通常为年)安全指标的改进项目以及改进程度,即安全绩效的目标值。在此阶段,可以运用头脑风暴法、鱼骨图分析法等。

8.1.2　测量阶段(M)

在下一改进周期,对建立的安全指标进行测量,在此阶段,可以运用 Pareto 图、趋势图、直方图等。

8.1.3　分析阶段(A)

分析的目的有两个:一是如何实现下一改进周期安全指标的目标值,明确需要采取哪些措施才能实现目标值;二是根据下一改进周期中每个测量周期安全指标的测量结果,在不断实施的过程中,判断安全指标是否能完成所定的安全目标值,以及可能完不成的原因。判断是否能完成安全目标值,是通过设置警戒标准来实现的。警戒标准的设置分为值警戒和趋势警戒。此时,需要分析原因并采取相应措施,以防止下个月出现相同情况。以"瓦斯监测仪误报率"这一指标为例,设定下一年的指标值为 2,连续三个月该项指标为 1.0,1.2,1.4。设置连续三个月有逐渐增大的趋势时,触发报警。因为连续三个月的指标数值说明,该项指标有变差的趋势,如果继续下去,有发生更严重事件的可能。此时,需要分析原因并采取相应措施,避免该项指标值继续增大。

8.1.4　改进阶段(I)

改进阶段是各项安全行动计划的落实,最终目的是达成安全目标值。对应于分析阶段,安全行动计划也分为两种:一是为实现安全目标值而最初制订的安全行动计划;二是在实施过程中,对于出现的偏差采取修正时,制订的安全行动计划。为了便于安全行动计划的开展,在行动计划中,需要说明具体的措施,以及落实措施的责任人、资源要求、时间限制等。

8.1.5　控制阶段(C)

控制阶段的目的是保持改进效果。对于每个测量周期的改进,上述阶段已经包含了其效果保持。对于每个改进周期的改进,主要体现在下一改进周期的DMAIC中,以此循环往复,达到安全持续改进的效果。

通过对质量管理中DMAIC模式的修改,得到适用于煤矿企业安全管理的流程,使得煤矿安全管理的体系更加科学合理。但上述流程只是提供了一个框架,在具体应用时,还需要结合安全指标的特点,选取更详细的工具。

8.2　基于六西格玛管理模式的"四位一体"行为安全管理体系作用原理及运行模式

将"四位一体"模型与DMAIC循环相融合,即可建立基于六西格玛管理模式的"四位一体"安全管理体系(简称"四位一体"安全管理体系)。体系采用DMAIC循环的运行模式,"危险预知、安全支持、安全控制、流程作业"四位一体相辅相成,构筑了一道"知、防、管、控"相结合的安全"防火墙"。

8.2.1　体系作用原理

"四位一体"安全管理体系是适用于煤矿安全生产管理的一种创新的管理体系。该体系是一种对事故发生前进行预防的管理方式,其中危险源辨识和风险评估是该体系的基础,风险预控是该体系的中心,不安全行为的控制是重中之重,按照前面提到的DMAIC循环模式,通过不断制定适应新问题的解决方案该体系参与要素"人、机、环、管"在体系运行中才能达到最佳状态,即预先识别出煤矿生产环境中存在的危险源且计算其风险值,根据结果明确问题重点与难点所在,并制定出相应的管控措施并监督其实施过程,使生产过程中的危险源不断地被识别,使其在发展过程中一直处于被控制的状态,保证煤矿企业的发展呈良性循环状态。根据DMAIC循环模式,可以得到基于该模式的管理体系作用原理图,如图 8-1 所示。

8.2.2　运行模式

"四位一体"安全管理体系在煤矿企业的工作模式是螺旋式的循环上升形式,该体系按照DMAIC的模式运行。每一次的循环都是从指定目标开始到体系持续改进终止,每次的循环都会产生新的管理经验,对该体系循环过程中产生

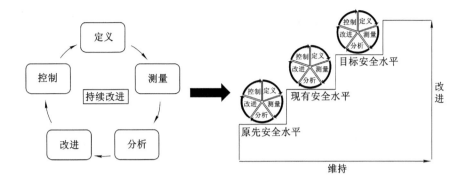

图 8-1　体系作用原理图

的问题不断改进与完善,不断推动该体系向更高层次的发展。DMAIC 循环反映的是一个企业运营过程中的五个阶段,即定义阶段(D)、测量阶段(M)、分析阶段(A)、改进阶段(I)、控制阶段(C)的相互联系。

定义阶段(D):在体系运行的初始阶段需要对风险预控管理的主题、覆盖范围及术语进行整理定义,然后制定风险预控管理方针、目标等,成立风险预控管理领导小组及组织机构并分配职责。同时需要明确风险管理体系的总要求和实施运行流程,以及风险预控管理体系文件的记录要求等。

测量阶段(M):根据定义阶段确定的指标,对指标的值进行测量或评测,得到某一改进的真实值。

分析阶段(A):采用不同的分析方法,对改进项进行原因分析,得到改进项未达到目标值的原因。并制订行动计划,以期提高安全水平。根据制订的计划对生产作业程序、作业方法以及员工、设备和环境进行管理,包括风险管理、员工不安全行为管理、保障管理、评审管理、管理信息系统和管理考核等内容。

改进阶段(I):根据检查和审核的问题和不足,对不足的地方加以改进,对出现的新问题进行解决,并不断产生新的经验,使体系一直适应煤矿企业的发展,为煤矿企业的管理不断提供新的思路和新的管理经验。

控制阶段(C):当该体系由计划阶段运行到实施阶段,为确保计划在实施过程中起作用,需要不断地对计划进行检查,根据检查不断地进行调整,通过日常检查、管理审核、管理评审等方法,保证体系能够发挥积极作用,同时也为下一个循环阶段奠定基础。

根据以上的阶段说明,可以得到"四位一体"各要素和 DMAIC 每个阶段的对应关系,如图 8-2 所示。

DMAIC 循环使煤矿安全风险预控管理体系不断的系统化、科学化。DMAIC 循环不是单纯的直线循环,而是螺旋式上升的过程,每经历一次循环都

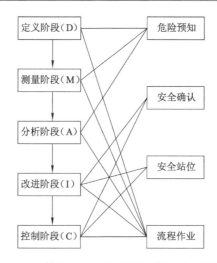

图 8-2 "四位一体"各要素和 DMAIC 每一阶段的对应关系

会产生新的问题,在解决新问题的过程中又会产生新的经验,从而为下一轮新的循环设定改进目标,形成大环套小环、小环保大环的良性循环模式。通过持续不断的动态循环过程,煤矿安全管理水平得到不断提高。

8.3 "四位一体"行为安全管理体系应用成效

8.3.1 应用概况

煤矿安全管理实践证明,重特大事故通过成熟的技术和管理手段能够得到有效防治。而"零碎"事故至今没有一套较普遍适用的措施来防范。为此,课题组进行了有益的探索,在实践的基础上总结"危险预知、安全支持、安全控制、流程作业"四位一体防止"零碎"事故经验,建立了煤矿岗位作业"四位一体"行为安全管理模型和基于六西格玛管理模式的"四位一体"安全管理体系,全面推行岗位标准化作业流程管理,并已在城郊煤矿运行两年。通过体系运行,全矿辨识岗位危险源 5 292 条,制定 40 个岗位工安全确认标准,编制特殊施工环节安全站位管控措施 172 项,汇编形成岗位流程作业标准 324 个,配套出台《岗位工危险源辨识管理手册》《安全确认管理规定》《安全站位和流程作业管理办法》《"四位一体"安全管理措施》,构筑了一道"知、防、管、控"相结合的安全"防火墙",真正抑制了"零碎"事故发生,安全管理水平与成效明显提升。

8.3.2　效益分析

城郊煤矿全面推行岗位标准化作业流程管理,通过运行"四位一体"安全管理体系,取得了以下有益效果:

(1)减少"三违"发生,强化安全保障。"危险预知、安全支持、安全控制、流程作业"四位一体安全管控措施相辅相成,环环相扣,构成一个整体,为生产现场安全管理提供了有力支撑。作业人员严格按照标准流程作业,工作有章可循,有效避免了"三违"和不安全行为的发生。

(2)提高生产效率,降低生产成本。标准作业流程涵盖生产现场的组织和设备的维护两个方面。一方面通过优化作业顺序,减少不规范操作,促进职工形成良好和规范的作业习惯,实现精益生产,提高生产效率,保证安全生产;另一方面通过减少设备损坏和材料的浪费,降低生产成本,保证设备完好和系统可靠,切实降低设备的故障率,提高设备的完好开机率。

(3)强化规范操作,力促岗位达标。推行"四位一体"安全管理体系,实现岗位标准化作业流程,真正使每一个岗位、每一个事项、每一个步骤都有具体达标标准,使职工养成出手就是标准的习惯,在矿井达标、专业达标的基础上,有效地促进了岗位达标在矿井生产过程中落地生根。

(4)固化工作经验,提升技术水平。标准作业流程将生产作业人员积累的先进技术和经验形成规范,并予固化,避免技艺流失,同时消除了技艺不能广泛应用的壁垒,实现矿井、区队、岗位多层面技术、经验的资源共享,避免因专业技术人员、熟练岗位人员的流动而给企业生产带来的影响。标准作业流程便于员工之间实现技术共享,为培养"一岗多能"的复合型人才提供了有效的平台。

(5)找到管理弱项,明确工作方向。在推行标准作业流程的过程中,城郊煤矿找到了管理短板和弱项:一方面是职工文化程度偏低,安全意识提升较慢,作业流程标准掌握程度参差不齐;另一方面是由于整体煤炭经济形势下行,技术工人流失率高,新招工人吃苦精神和适应井下作业环境的能力存在偏差,岗位标准化流程作业管理弱项仍然存在。对此,城郊煤矿立足于基础管理,一是不断采取新方法、新办法有效督促岗位工掌握作业流程标准,通过劳动竞赛、技术比武等方式,增强职工学、帮、赶、比、超的学习热情。二是持续加强现场管理,强化监督检查职能,对不按正规流程作业的岗位员工及时纠正、加强教育、严格培训,通过不断反思、探索,促进岗位标准化作业流程管理向广度和深度发展。

8.4　本章小结

　　本章对六西格玛管理模式进行了介绍,分析了其在安全管理体系建设中的适用性,将"四位一体"模型与 DMAIC 融合,基于六西格玛管理模式建立了"四位一体"安全管理体系,并对体系周期的每个阶段进行了说明。对煤矿岗位作业"四位一体"行为安全管理模型和基于六西格玛管理模式的"四位一体"安全管理体系在城郊煤矿的应用成效进行了分析。实践表明,执行标准化作业流程是进一步提高安全生产水平的有效手段。通过规范人的行为,有机融合生产现场人、机、环、管等主要因素,有效地减少了"三违"和事故的发生,在煤炭市场竞争日益加剧、煤炭企业"出不起"事故的今天,推广应用"四位一体"安全管理体系,实现标准作业流程,对预防事故发生、促进煤炭企业健康可持续发展具有特殊的重要意义。

第9章　结　　论

9.1　主要结论

（1）对煤矿"零碎"事故进行了定义，其负效应是未造成人员死亡或者重伤，但引起了人员健康损害，且造成的人员健康损害为轻伤级别。对"零碎"事故不安全行为的作用机理进行了分析，影响不安全行为的内在构成因素包括：心理因素、能力状态、生理因素等3个因素；影响不安全行为的外在影响因素包括：社会因素、设备因素、组织管理、物理环境等4个因素。构建了作用机理假设模型，并通过实证研究评价和修正了模型，得到了内因与外因对不安全行为的影响作用，结果表明：各因素对不安全行为的总体影响从大到小依次为：组织管理、物理环境、社会因素、心理因素、设备因素、能力状态、生理因素。

（2）对煤矿岗位作业"四位一体"行为安全管理的作用机制进行了分析。并结合实际生产的工序和流程，从危险预知、安全支持、安全控制、流程作业等4个方面构建了煤矿岗位作业"四位一体"行为安全管理模型，对模型要素的相互关系和结构层次进行了分析；通过与事故致因"2-4"模型与安全管理元模型系列研究成果的对比，佐证了该模型的适用性和科学性。

（3）根据对危险预知的分析，确定了岗位危险源辨识所用的方法，对风险等级进行了划分，得到了岗位危险源辨识和风险评估流程。以城郊煤矿为例，分析得出城郊煤矿可能出现的危险源共有5 292个，从人、机、环、管方面对风险进行分级分类，并根据计算得出的风险值确定风险等级。研究得出人员方面的危险源有4 360个，机器设备方面的危险源有546个，环境方面的危险源有193个，管理方面的危险源有193个；存在特别重大风险等级的任务3项、重大风险等级的任务111项、中等风险等级的任务1 298项、一般风险等级的任务3 451项、低风险等级的任务429项。

（4）通过对安全支持进行理论分析得出，安全教育培训既是建设安全文化的有效途径，也是提高个体素质的有力措施。在此基础上，从培训管理、培训检查考核、证件管理、培训奖罚四个方面构建了安全教育培训体系。

（5）将煤矿特殊施工进行了归类，分别为采煤工作面作业，掘进工作面作业，开拓工作面作业，设备安装、回撤、维护作业，运输作业，钻孔施工作业，通风设施维护、瓦斯检查、爆破作业,起吊托运大件作业,地面作业,其他作业等 10 个类型,从保证人员安全角度出发,针对每个类型提出了对应的人员站位措施,共计 172 条。

(6) 对安全确认的作用机理、类型、方法等进行了阐述。煤矿施行的安全确认主要包括岗位确认、操作确认、工作指令与联系呼应确认、联保互保确认和工作完毕安全状态确认等。以城郊煤矿为例,根据岗位工、关键工序的不同,制定了 40 项安全确认标准。

(7) 分析了科室重点业务、采煤系统作业、掘进系统作业、开拓系统作业、机电运输系统作业、通风系统作业、防治水系统作业七大流程,总结了岗位流程作业标准,形成了由施工工序、允许流程作业工序、严禁流程作业工序、管理标准和管理措施构成的井下流程作业管理综合性支撑文件。

(8) 对典型的六西格玛管理模式进行了介绍,分析了其在安全管理体系建设中的适用性,将"四位一体"模型与 DMAIC 融合,基于六西格玛管理模式建立了"四位一体"安全管理体系,并对体系周期的每个阶段进行了说明。对城郊煤矿全面推行岗位标准化作业流程管理、运行"四位一体"安全管理体系的有益效果进行了分析。

9.2 创新点

(1) 针对当前煤矿不安全事件发生的特征,通过对不同领域关于事故分类处理规定的梳理,首次定义了煤矿"零碎"事故,并应用结构方程构建了"零碎"事故作用机理假设模型,得到了"零碎"事故不安全行为的作用机理,为下一步制定应对措施提供了理论依据,为实现安全关口前移打下理论基础。

(2) 针对"零碎"事故的预防,构建了煤矿岗位作业"四位一体"行为安全管理模型,该模型由"危险预知""安全支持""安全控制""流程作业"四个要素组成。"危险预知"是前提,"安全支持""安全控制"是核心,"流程作业"是归纳和总结。该模型既包括理论,也包含方法和工具,避免了事故致因模型的过度理论化,具有良好的现场实操性。

(3) 以城郊煤矿为试点,依据煤矿岗位作业"四位一体"行为安全管理模型,开展了应用工作,分析得出城郊煤矿可能出现的危险源共有 5 292 个,存在特别重大风险等级的任务 3 项、重大风险等级的任务 111 项、中等风险等级的任务 1 298 项、一般风险等级的任务 3 451 项、低风险等级的任务 429 项;制定了人员站位措施,确定了安全确认标准,总结了岗位流程作业标准。

(4) 将六西格玛管理理论引入煤矿岗位作业"四位一体"行为安全管理模型

中,构建了"四位一体"安全管理体系,该理论继承了"PDCA"循环的持续性,在每个阶段都有具体的技术和工具的支撑,使得标准化作业流程管理更加具体和易操作,实现了煤矿安全水平的持续改进。

参 考 文 献

[1] 火灾事故调查规定(公安部 121 号令)[EB/OL]. [2012-07-17]. http://www.gov.cn/govweb/gongbao/content/2012/content_2266918.htm.

[2] 李如梦.中国法规大全[M].吉林:吉林摄影出版社,2004.

[3] 梅冰松,李怀玉,褚万里.道路交通事故处理程序规定适用指南[M].北京:中国人民公安大学出版社,2009.

[4] 民用航空器不安全事件调查规定[EB/OL]. [2018-12-14]. http://www.caac.gov.cn/XXGK/XXGK/BZGF/HYBZ/201902/t20190218 _ 194724.html.

[5] 王旭.《人体损伤致残程度分级》的理解[J].法医学杂志,2016,32(5):380-384.

[6] 中华人民共和国人力资源和社会保障部.劳动能力鉴定职工工伤与职业病致残等级:GB/T 16180—2014[S/OL]. [2014-09-03] http://c.gb688.cn/bzgk/gb/showGb? type=online&hcno=F16F867C57A7ACA737C2FF4060597F29.

[7] 傅贵.事故的定义及其重要性[J].现代职业安全,2019(7):67-68.

[8] HAWKINS F H. Human factors education in European air transport operations [C]//Breakdown in Human Adaptation to 'Stress'. [S. l.]:[s. n.],1984:329-362.

[9] 周航,王瑛.基于 SHEL 模型和神经网络的空中交通管制风险预警研究[J].安全与环境学报,2014,14(3):138-141.

[10] 鲁志卉,王颖,郭晓贝,等.护理不良事件原因分析模型研究进展[J].护理学杂志,2019,34(21):107-110.

[11] 郑新定,王红卫,周健.考虑人为因素的盾构隧道风险分析和控制模型研究[J].隧道建设,2013,33(9):720-725.

[12] 郑阳.以 SHELL 模型分析深圳空管站安全管理建设[J].民航管理,2018(10):77-79.

[13] 任玉辉.煤矿员工不安全行为影响因素分析及预控研究[D].北京:中国矿业大学(北京),2014.

[14] 叶龙,李森.安全行为学[M].北京:清华大学出版社,2005.

[15] MARTÍNEZ-CÓRCOLES M, GRACIA F, TOMÁS I, et al. Leadership

and employees' perceived safety behaviours in a nuclear power plant：a structural equation model[J]. Safety Science，2011，49(8/9)：1118-1129.

[16] 田志军.晋城市地方煤矿班组建设意义和作用探究[J].水力采煤与管道运输，2018(4)：121-122.

[17] PARKER S K，AXTELL C M，TURNER N. Designing a safer workplace：importance of job autonomy, communication quality, and supportive supervisors[J]. Journal of Occupational Health Psychology，2001，6(3)：211-228.

[18] GURTNER A，TSCHAN F，SEMMER N K，et al. Getting groups to develop good strategies：effects of reflexivity interventions on team process,team performance，and shared mental models[J]. Organizational Behavior and Human Decision Processes，2007，102(2)：127-142.

[19] 张凤,于广涛,李永娟,等.影响我国民航飞行安全的个体与组织因素：基于HFACS框架的事件分析[J].中国安全科学学报，2007，17(10)：67-74.

[20] 窑街煤电集团有限公司金河煤矿"12·8"伤亡事故调查报告[R/OL].(2020-02-29). http://www.mkaq.org/html/2020/02/29/513403.shtml.

[21] 屈婷.矿工不安全行为量表设计及实证研究[D].西安：西安科技大学，2013.

[22] 李艳强.提升煤矿应急管理水平探讨[J].中国煤炭，2018，44(10)：163-167.

[23] 于晓燕,姚庆国,陈祺,等.基于三阶段DEA模型的煤矿企业安全投入产出效率研究[J].煤矿安全，2019，50(12)：243-247.

[24] 赵家振,崔丽琴,李勇军,等.煤矿井下气候参数和劳动强度对矿工生理参数影响的研究[J].中国安全科学学报，1998，8(1)：3-5.

[25] 国家安全生产监督管理总局,国家煤矿安全监察局.煤矿安全规程-2016[M].北京：中国法制出版社，2016.

[26] 丁一轩.某煤矿井下工作场所职业危害因素分析研究[D].淮南：安徽理工大学，2018.

[27] 谭岚峰.采煤工作面粉尘危害及防治技术措施分析[J].科学技术创新，2020(23)：153-154.

[28] 杨洁.民航维修人员不安全行为影响因素实证研究[D].天津：中国民航大学，2016.

[29] 贺珍.问卷设计五原则[J].秘书之友，2018(9)：16-18.

[30] 吴明隆,涂金堂.SPSS与统计应用分析[M].大连：东北财经大学出版

社,2012.

[31] 易丹辉.结构方程模型方法与应用[M].北京:中国人民大学出版社,2008.

[32] XU Z Q, CAO Q R, ZHANG N. How coal miners develop path-dependence and lock in to an unsafe behavioral path[J]. American Journal of Industrial and Business Management,2014,4(2):80-84.

[33] MISAWA R, INADOMI K, YAMAGUCHI H. Psychological factors contributing to unsafe behavior in train drivers[J]. Shinrigaku Kenkyu,2006,77(2):132-140.

[34] 田水承,郭彬彬,李树砖.煤矿井下作业人员的工作压力个体因素与不安全行为的关系[J].煤矿安全,2011,42(9):189-192.

[35] RUNDMO T. Safety climate, attitudes and risk perception in Norsk Hydro[J]. Safety Science,2000,34(1/2/3):47-59.

[36] VANLAAR W, SIMPSON H, ROBERTSON R. A perceptual map for understanding concern about unsafe driving behaviours [J]. Accident Analysis & Prevention,2008,40(5):1667-1673.

[37] 杜镇,李文辉.个体心理因素对不安全行为的影响探析[J].技术与市场,2011,18(5):217.

[38] 张叶馨,栗继祖,冯国瑞,等.基于 SEM 矿工组织支持感与不安全行为关系研究[J].煤矿安全,2017,48(8):238-241.

[39] 宋陈澄,陈培友.煤矿员工不安全行为的影响因素分析及对策研究[J].煤炭经济研究,2017,37(9):65-70.

[40] VREDENBURGH A G. WITHDRAWN:Reprint of "Organizational safety:Which management practices are most effective in reducing employee injury rates?"[J]. Journal of Safety Research,2013.

[41] RAMSEY J D,BURFORD C L,BESHIR M Y,et al. Effects of workplace thermal conditions on safe work behavior[J]. Journal of Safety Research,1983,14(3):105-114.

[42] MCSWEEN T E. Values-based safety process:improving your safety culture with behavior-based safety [M]. 2nd ed. USA:John Wiley and Sons Ltd,2003.

[43] HAN S,LEE S. A vision-based motion capture and recognition framework for behavior-based safety management[J]. Automation in Construction,2013,35:131-141.

[44] FU G,CAO J L,WANG X M. Relationship analysis of causal factors in

coal and gas outburst accidents based on the 24Model[J]. Energy Procedia,2017,107:314-320.

[45] 田水承,李红霞,王莉. 3类危险源与煤矿事故防治[J]. 煤炭学报,2006,31(6):706-710.

[46] 王秉,吴超,黄浪. 基于安全信息处理与事件链原理的系统安全行为模型[J]. 情报杂志,2017,36(9):119-126.

[47] 黄浪,吴超,王秉. 基于信息认知的个人行为安全机理及其影响因素[J]. 情报杂志,2018,37(8):121-127.

[48] 傅贵,安宇,邱海滨,等. 安全管理学及其具体教学内容的构建[J]. 中国安全科学学报,2007,17(12):66-69.

[49] 朱兆伟. 煤矿安全质量风险预控管理体系及应用研究[D]. 西安:西安科技大学,2015.

[50] 郝贵. 煤矿安全风险预控管理体系[M]. 北京:煤炭工业出版社,2012.

[51] 马广兴. 城郊煤矿创建国家一级安全生产标准化矿井"523"实践[J]. 煤炭工程,2019,51(5):181-184.

[52] 张绍华. 管理体系文件的组成与编制方法[J]. 中国质量与标准导报,2020(3):73-75.

[53] CHOUDHRY R M. Behavior-based safety on construction sites:a case study[J]. Accident Analysis and Prevention,2014(70):14-23.

[54] KLUGE A,BADURA B,URBAS L,et al. Violations-inducing framing effects of production goals:conditions under which goal setting leads to neglecting safety-relevant rules[M]. SAGE Publications,2010.

[55] CHEN D W,TIAN H Z. Behavior based safety for accidents prevention and positive study in China construction project[J]. Procedia Engineering,2012,43:528-534.

[56] LIU J H,SONG X Y. Countermeasures of mine safety management based on behavior safety mode[J]. Procedia Engineering,2014,84:144-150.

[57] HEINRICH H,PETERSEN D,ROOSE N. Industrial accident prevention:a safety management approach[M]. 5th ed. New York:McGraw-Hill,1980.

[58] REASON J. Human error[M]. Gambridge:Cambridge University Press,1990.

[59] 崔宁,刁春蕾,程恋军,等. 基于"瑞士奶酪模型"的煤矿人因干预措施研究[J]. 内蒙古煤炭经济,2017(15):98-100.

[60] 崔克清. 安全工程大辞典[M]. 北京:化学工业出版社,1995.

[61] 蔡瑞林,孙洁.中小企业技术创新机制的力学模型研究[J].科技管理研究, 2012,32(8):101-105.

[62] 胡卫伟.基于斜坡球体理论的旅游安全下滑力研究[J].旅游研究,2015,7 (3):40-45.

[63] 袁晓翔,屈永利,许满贵,等.煤矿安全质量标准化建设原理[J].西安科技 大学学报,2011,31(6):786-789.

[64] 张潇,赵明海,刘福生,等.标准操作规程(SOP)由来、书写要求及其作用 [J].实验动物科学,2007,24(5):43-47.

[65] 吴超,王秉.行为安全管理元模型研究[J].中国安全生产科学技术,2018, 14(2):5-11.

[66] LE COZE J C. Disasters and organisations:from lessons learnt to theorising[J]. Safety Science,2008,46(1):132-149.

[67] DURUGBO C,HUTABARAT W,TIWARI A,et al. Information channel diagrams:an approach for modelling information flows[J]. Journal of Intelligent Manufacturing,2012,23(5):1959-1971.

[68] AMO M F. Root cause analysis. A tool for understanding why accidents occur.[J]. Balance, 1998,2(5):12-15.

[69] KATSAKIORI P,SAKELLAROPOULOS G,MANATAKIS E. Towards an evaluation of accident investigation methods in terms of their alignment with accident causation models[J]. Safety Science,2009,47(7): 1007-1015.

[70] 何学秋,马尚权.安全科学的"R-M"基本理论模型研究[J].中国矿业大学 学报,2001,30(5):425-428.

[71] RASMUSSEN J. Risk management in a dynamic society:a modelling problem[J]. Safety Science,1997,27(2/3):183-213.

[72] 傅贵,殷文韬,董继业,等.行为安全"2-4"模型及其在煤矿安全管理中的应 用[J].煤炭学报,2013,38(7):1123-1129.

[73] 金慧敏,潘伟,吴超,等.内隐安全行为干预模型机理研究[J].科技促进发 展,2019,15(10):1128-1134.

[74] 王秉,吴超,黄浪.一种基于安全信息的安全行为干预新模型:S-IKPB 模型 [J].情报杂志,2018,37(12):140-146.

[75] 张书莉,吴超.安全行为管理"五位一体"模型构建及应用[J].中国安全科 学学报,2018,28(1):143-148.

[76] 傅贵,陆柏,陈秀珍.基于行为科学的组织安全管理方案模型[J].中国安全

科学学报,2005,15(9):21-27.

[77] 傅贵.安全科学学及其应用探讨[J].安全,2019,40(2):1-10.

[78] 宋文强.现场精细化管理:图解版[M].北京:化学工业出版社,2011.

[79] 胡敏,吕先昌.危险预知活动有关技术问题探讨[J].工业安全与环保,2008,34(6):57-59.

[80] 宋丹.Y公司危险预知训练(KYT)活动体系的构建与应用研究[D].重庆:重庆大学,2016.

[81] 张文宇,郑建国,金潮,等.危险预知训练对矿工心理健康和违章作业的影响[J].煤矿安全,2016,47(9):243-246.

[82] KOBE,IKEDA N,KAGECHIKA K,et al. The effect of nurses' training on sensitivity of fall risk prediction (Kyt:Kiken Yochi training)[J]. Annals of Physical and Rehabilitation Medicine,2018,61:e530.

[83] 刘进清.从某水电站"4.10"事故浅谈施工安全管理[J].中国安全生产科学技术,2017,13(S2):161-164.

[84] 王梦多.危险预知训练对煤矿工人心理健康和违章作业的影响研究[D].阜新:辽宁工程技术大学,2013.

[85] 国家市场监督管理总局,国家标准化管理委员会.危险化学品重大危险源辨识:GB 18218—2018[S].北京:中国标准出版社,2018.

[86] 吴宗之.论重大危险源监控与重大事故隐患治理[J].中国安全科学学报,2003,13(9):20-23.

[87] 许铭.危险源和隐患的内涵辨析[J].安全与环境工程,2018,25(3):160-165.

[88] 钱新明,陈宝智.重大危险源的辨识与控制[J].中国安全科学学报,1994,4(3):16-21.

[89] 赵宏展,徐向东,于广涛.企业生产系统危险源的结构、特征及其辨识[J].中国安全科学学报,2008,18(10):153-159.

[90] 赵宏展,徐向东.危险源的概念辨析[J].中国安全科学学报,2006,16(1):65-70.

[91] 田水承,李红霞,王莉.3类危险源与煤矿事故防治[J].煤炭学报,2006,31(6):706-710.

[92] 田水承,李红霞,王莉,等.从三类危险源理论看煤矿事故的频发[J].中国安全科学学报,2007,17(1):10-15.

[93] 李晓燕,岳经纶,凌莉.珠三角中小企业职业安全健康监管体系研究:基于ILO-OSH框架的分析[J].公共行政评论,2014,7(1):101-119.

[94] 徐庆.职业健康安全管理体系新标准解读:ISO/DIS 45001 标准术语定义的变化解读[J].安全,2017,38(2):67-70.

[95] 中国标准化研究院.职业健康安全管理体系要求及使用指南:GB/T 45001—2020[S].北京:中国标准出版社,2020.

[96] 国家安全监管总局关于征求《安全生产事故隐患排查治理暂行规定(修订稿)》意见的通知.[EB/OL].[2016-05-06].http://www.gov.cn/xinwen/2016-05/06/content_5070902.htm.

[97] 傅贵,李亚.7 个标准中危险源的定义、内容和分类研究[J].中国安全科学学报,2017,27(6):157-162.

[98] GULDENMUND F W. The nature of safety culture:a review of theory and research[J]. Safety Science,2000,34(1/2/3):215-257.

[99] PIDGEON N. Safety culture:key theoretical issues[J]. Work & Stress,1998,12(3):202-216.

[100] COOPER PH D M D. Towards a model of safety culture[J]. Safety Science,2000,36(2):111-136.

[101] MOHAMED S. Scorecard approach to benchmarking organizational safety culture in construction[J]. Journal of Construction Engineering and Management,2003,129(1):80-88.

[102] EDWARDS J R D,DAVEY J,ARMSTRONG K. Returning to the roots of culture:a review and re-conceptualisation of safety culture[J]. Safety Science,2013,55:70-80.

[103] 徐德蜀,邱成.安全文化通论[M].北京:化学工业出版社,2004.

[104] 冯昊青.安全伦理观念是安全文化的灵魂:以核安全文化为例[J].武汉理工大学学报(社会科学版),2010,23(2):150-155.

[105] 黄吉欣,方东平,何伟荣.对建筑业安全文化的再思考[J].中国安全科学学报,2006,16(8):78-81.

[106] 李爽,宋学锋.煤矿企业本质安全文化:内涵·目标·内容·模式[J].中国矿业,2007,16(9):33-35.

[107] 罗云.企业安全文化建设:实操 创新 优化[M].2 版.北京:煤炭工业出版社,2013.

[108] COX S, COX T. The structure of employee attitudes to safety:a European example[J]. Work & Stress,1991,5(2):93-106.

[109] VARONEN U,MATTILA M. The safety climate and its relationship to safety practices, safety of the work environment and occupational

accidents in eight wood-processing companies[J]. Accident Analysis & Prevention,2000,32(6):761-769.

[110] 于广涛,王二平,李永娟.安全文化在复杂社会技术系统安全控制中的作用[J].中国安全科学学报,2003,13(10):8-11,85.

[111] 李爽,曹庆仁.煤矿企业本质安全文化建设流程及其保障体系[J].中国矿业,2008,17(9):24-27.

[112] 国家安全生产监督管理总局.企业安全文化建设导则:AQ/T 9004—2008[S].北京:煤炭工业出版社,2009.

[113] 姜伟.用培训方法建设安全文化的效果评估研究[D].北京:中国矿业大学(北京),2012.

[114] 唐凯,田水承,李红霞,等.企业安全文化培训效能路径研究[J].安全与环境学报,2019,19(5):1638-1642.

[115] 中国大百科《教育》编辑委员会.中国大百科全书——教育卷[M].北京:中国大百科全书出版社,1985.

[116] 张发祥.大学英语词汇习得策略探析:基于艾宾浩斯遗忘曲线规律的实验研究[J].黑河学院学报,2013,4(5):54-57.

[117] 肖远军.教育评价原理及应用[M].杭州:浙江大学出版社,2004.

[118] 姬荣斌,阮长悦,杨任继.系统论视角下的安全教育研究[J].安全与环境工程,2016,23(1):88-93.

[119] 乐增,江楠.基于杜邦STOP系统的安全员安全管理模式探讨[J].安全与环境工程,2013,20(4):127-130.

[120] 特里·E 麦克斯温.安全管理:流程与实施[M].2 版.王向军,范晓虹,译.北京:电子工业出版社,2011.

[121] 赵艳艳,李畅.任务观察在矿山安全标准化管理系统中的应用[J].安全与环境工程,2012,19(4):88-92.

[122] 郭红领,刘文平,张伟胜.集成BIM 和PT 的工人不安全行为预警系统研究[J].中国安全科学学报,2014,24(4):104-109.

[123] 李书全,冯雅清,胡松鹤,等.基于社会网络的建筑施工不安全行为关系研究[J].中国安全科学学报,2017,27(6):7-12.

[124] 孙建华,黄东辉,孙登林,等.基于STOP 行为观察的井下打眼爆破工行为安全管理[J].湖南科技大学学报(自然科学版),2013,28(3):12-16.

[125] 袁河津.手指口述安全确认示范操作必读[M].徐州:中国矿业大学出版社,2007.

[126] ZHANG A Y. Application of finger oral in the training of employees in

mine enterprises[J]. Advanced Materials Research,2011,396/397/398:
694-698.

[127] 张宝钢,梁卫强."手指口述"操作法在煤矿安全生产管理中的作用[J].矿业安全与环保,2010,37(S1):144-145.

[128] 宫世文,许胜利,郭凤岐,等."手指口述安全确认操作法"与"手指口述三三整理作业法"在煤矿现场的应用[J].煤矿安全,2009,40(9):122-125.

[129] 国务院安委会办公室关于做好《国务院安委会关于进一步加强安全培训工作的决定》宣传贯彻工作的通知[EB/OL].[2012-12-07]. http://www. gov. cn/gzdt/2012-12/07/content_2285424. htm.

[130] 张胜利.金属非金属矿山企业安全确认制的应用研究[J].中国安全生产科学技术,2016,12(S1):159-166.

[131] 谢英晖."疏忽"在什么时候发生[J].现代班组,2019(7):26.

[132] ALHARTHI A A. An integration of Lean Six Sigma and health and safety management system in Saudi Broadcasting Corporation [D] London:Brunel University,2015.

[133] FURST P G. Lean Six Sigma innovative safety performance management [J]. Injury Prevention,2010,16(1).

[134] 刘辉,周芸竹,周恩.基于6SIGMA理论的建筑施工现场安全管理方法[J].中国安全科学学报,2013,23(2):134-140.